Layout Design
版式设计
就这么简单
（第 2 版）

Sun I 视觉设计　编著

电子工业出版社
Publishing House of Electronics Industry
北京·BEIJING

内容简介

在日常生活中，我们几乎每天都在接触并感受着版式设计，可以说版式设计早已广泛地应用于我们的精神与物质生活之中。一切社会活动几乎都与版式设计有着千丝万缕的联系，因此对于版式设计的学习也显得格外重要。本书便以版式设计为主题，通过轻松的讲解方式，试图让读者在学习中体会到版式设计的乐趣。

本书列举了大量版式设计作品，并结合不同的知识点，针对某些作品进行了设计思路的解析，旨在让读者更为直观地了解一种版式是如何产生的。同时，本书运用了图形化的写作方式，有趣、直观且生动地表现了某些抽象而晦涩的知识点，使读者能够更加轻松与愉快地完成对本书的阅读，完成对版式设计知识点的了解与记忆，而这也是编者希望通过本书所达到的目的。

未经许可，不得以任何方式复制或抄袭本书之部分或全部内容。
版权所有，侵权必究。

图书在版编目（CIP）数据

版式设计就这么简单 / Sun I 视觉设计编著. — 2版. — 北京：电子工业出版社，2017.9
ISBN 978-7-121-32478-9

Ⅰ.①版… Ⅱ.①S… Ⅲ.①版式—设计 Ⅳ.①TS881

中国版本图书馆CIP数据核字（2017）第194794号

责任编辑：姜　伟
文字编辑：赵英华
印　　刷：中国电影出版社印刷厂
装　　订：中国电影出版社印刷厂
出版发行：电子工业出版社
　　　　　北京市海淀区万寿路173信箱　　邮编：100036
开　　本：720×1000　1/16　　印张：14.75　　字数：377.6千字
版　　次：2015年1月第1版
　　　　　2017年9月第2版
印　　次：2018年10月第3次印刷
定　　价：79.00元

凡所购买电子工业出版社图书有缺损问题，请向购买书店调换。若书店售缺，请与本社发行部联系，联系及邮购电话：（010）88254888，88258888。
质量投诉请发邮件至zlts@phei.com.cn，盗版侵权举报请发邮件至dbqq@phei.com.cn。
本书咨询联系方式：（010）88254161～88254167转1897。

前言

作为设计的一个重要分支,版式设计在设计领域享有特殊的地位。那么到底什么是版式设计呢?其实它就是通过一定的编排手法,将视觉元素以某种形式组合在一起,从而形成的版式排列。我们为什么要学习版式设计呢?不难发现,无论是出行、购物、读书或是上网,我们总是会接触到各式各样的版式设计——房产广告、网页、书籍与杂志内页等,这些版式是如何设计出来的?又是如何让你所设计的版式从中脱颖而出的?其实这些问题都可以通过学习版式设计找到答案,而本书也通过对版式设计各种知识点的讲解,试图让读者解决这些困惑。

本书共分为7章,第1章,为本书的总述部分,在讲解了什么是版式设计的基础上,以版式设计中的理性视觉元素——点、线、面为出发点,进一步使读者了解到版式设计的基础要点是什么。本章的最后一节旨在说明学习版式设计的重要性,从而将读者正式带领到版式设计的世界之中。

第2章同样为总述部分,介绍了版式设计的基本设计法则与思想,让读者能从总体上把握版式设计的要点。本章也进行了一些创造性的叙述,比如"网格是限制也不是限制",通常人们会利用网格去规范版式设计,然而有时我们却可以尝试着打破它,让版式更加新颖。而这样的叙述方式旨在让读者了解到,在设计时我们不能一味地被规则所框住,有时,逆向思维能让我们获取更多的设计思路与灵感。延续第2章的思路,第3章则讲述了一些获取灵感与创意的方法,试图让读者克服设计的障碍,并让读者通过对本章的阅读,了解版式设计的乐趣与切入点所在。

第4、5、6、7章则分别讲述了文字、图形图案、图片,以及图表与表格这些版式设计中具体的形象元素在不同版式中的运用方式与法则。在这些章节中,编者首先通过图形化的叙述方式,让读者大致了解到与这些不同的形象元素相关的知识要点,然后再结合大量的版式设计作品与案例,具体地解析了这些形象元素是如何运用到版式之中的,又如何更好地在版式之中运用它们。总之,读者通过对这些章节的学习,除了能够了解到一些与版式设计相关的知识点以外,还能在进行实际的版式设计时,拥有相应的设计思路与想法。

本书在每节或每章的最后适当地加入了"设计手札"与"小心设计陷阱"两个版块。在"设计手札"版块,编者选用了较为实用且与每节或每章知识点密切相关的案例作品,通过对作品创作过程或思路的分析,使读者能够在学习知识点的基础上,进一步将它们运用到实际的版式设计之中。"小心设计陷阱"版块则通过版式设计时对与错的对比分析,让读者了解到设计时需要留意的注意事项。

除此之外,本书还大量地运用了流程化与图形化等与较为生动与直观的叙述方式,试图将繁复的文字叙述通过简洁而明了的图示化表述呈现在读者面前,让读者能够更加轻松与愉快地完成对版式设计的学习,这种叙述方式也是本书的特色之一。

参与本书编写的人员有马世旭、罗洁、陈慧娟、陈宗会、李江、李德华、徐文彬、朱淑容、刘琼、赵冉、陈建平、李杰臣、马涛、秦加林。在编写过程中力求严谨细致,但由于水平有限,时间仓促,书中难免出现疏漏和不妥之处,恳请广大读者批评指正,提出宝贵意见。

编者

目录

第 1 章
你真的了解版式设计吗?

1.1 你是空间分配的高手吗? 2
   1.1.1 利用好有限空间,宰相肚里也能撑船 2
   1.1.2 大胆取舍,保留重点 10
1.2 让你的版式会说话 15
   1.2.1 具有张力的点 15
   1.2.2 线的灵活性 23
   1.2.3 面的铺张节奏 30
   1.2.4 点、线、面的安排有讲究 37
1.3 版式设计重要吗? 42
   1.3.1 版式设计让你拥有细腻的心思 42
   1.3.2 爱设计,亲版式 44
   1.3.3 随处可见的版式设计 46

第 2 章
法则 ≠ 条条框框

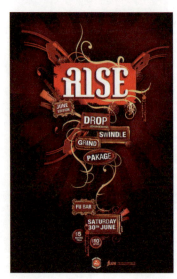

2.1 版式设计法则中也有"相对论" 50
   2.1.1 让版式设计法则成为设计的利器 50
   2.1.2 别让版式设计法则禁锢你的设计思路 57
2.2 网格是限制也不是限制 65
   2.2.1 认识网格也是一门必修课 65
   2.2.2 尝试打破网格 73

2.3 想让你的版式具备形式美感吗？ 75
  2.3.1 学会发现版式中的形式美 75
  2.3.2 在发现中创新，而不是停滞不前 79
2.4 好的版式就像导盲犬 82
  2.4.1 版式中透露的视觉流程 82
  2.4.2 视觉引导让版式更具效应 86

第 3 章
把握灵感助你进入设计天地

3.1 谁说你没有创造性思维 90
  3.1.1 你也会做白日梦 90
  3.1.2 你不会是一个人 95
3.2 抓住灵感的"三"原则 98
  3.2.1 你有三只眼睛吗？ 98
  3.2.2 你有三只手吗？ 100
  3.2.3 你有三张嘴吗？ 103
  3.2.4 你有三个脑袋吗？ 105

第 4 章
让文字在版式中发挥功效

4.1 挑选字体的小技巧 108
  4.1.1 感受字体的情感与性格 108
  4.1.2 选择与图形相辅相成的字体 114
  4.1.3 利用对比布局选择字体 119
4.2 字号搭配有条不紊 125
  4.2.1 统一的字号使版面整洁干净 125
  4.2.2 大小不一的字号让版面生动活泼 127
  4.2.3 文字间距也能让版式更富有变化感 130
4.3 文字颜色的选与搭 135

  4.3.1 你要的颜色就在版式里 135
  4.3.2 突出版式的重点需要区别文字的颜色 137
4.4 文字造型的魅力 141
  4.4.1 文字的变形让版式更具表现力 141
  4.4.2 穿好文字的"花衣服" 143

第 5 章
不容忽视的图形与图案

5.1 图形图案的创意体现 148
  5.1.1 认识图形图案设计 148
  5.1.2 图形图案设计的思维方式 155
5.2 图形图案与形式构成 160
  5.2.1 图形图案的构成元素 160
  5.2.2 图形图案的类别 163
  5.2.3 图形图案形式构成的设计方式 166

第 6 章
图片让版式"亮"起来

6.1 图片的分类使版式更具有秩序感 172
  6.1.1 按色调分类 172
  6.1.2 按图片内容分类 176
6.2 图片比例的调节使版式张弛有度 178
  6.2.1 出血让画面更加饱满 178
  6.2.2 大小组合也有规则 181
6.3 改变图片让版式更具形式美 184
  6.3.1 让图片重叠 184
  6.3.2 对图片进行剪裁 187

第 7 章
版式中的图文邂逅

7.1 图文搭配 198
    7.1.1 版式中的构图形式 198
    7.1.2 图文摆放有技巧 212
    7.1.3 图版安排有手法 215
7.2 图解图说——生动传递信息的助手 218
    7.2.1 读图时代与图表 218
    7.2.2 读图时代与表格 223

第 1 章

你真的了解版式设计吗?

1. 学会合理分配版式空间
2. 学会"点"化你的版式
3. 学会在空间中利用线条
4. 学会在版式中铺张块面

1.1 你是空间分配的高手吗?

你知道什么是版式设计吗?你知道版式设计和空间的关系吗?

本节主要从版式设计的大轮廓出发,向读者介绍什么是版式设计,并以空间分配为着手点,让读者更加具体地了解版式设计的一些基础知识。

1.1.1 利用好有限空间,宰相肚里也能撑船

观察下面的图片,你发现什么共同点了吗?

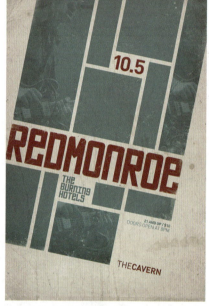

图1为画册内页。
图2为杂志内页。
图3为一则广告宣传。
图4为音乐会海报。

版式设计到底是什么?

共同点一:组合关系

上页所展示的4幅画面,它们的功能及用途虽不一样,但它们却有一些共同点——画面中都并非只存在一种元素:有使用照相机拍摄的真实的风景图片,有绘制的几何图形,也有描述性文字。

文字
图片

——— 组合关系的引申意义 ———

有不同的元素便会在元素间产生并存在组合关系,这种组合关系也是这4幅画面的共同点。在画面中有组合关系,便会存在对它们的编辑、安排与设计,这一过程便称为版式设计。

几何图形
文字
图画

共同点二:有限空间

在画面中,即使只有一种元素出现,当这种元素的数量不止一个时,如左图1所示,也会存在编排与组合的版式设计,若这种元素数量为一,如左图2所示,其也会与框住它的空间形成组合关系,仍然存在版式设计。

❶

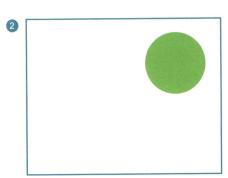
❷

——— 引申意义 ———

任何一个画面都会存在框住该画面的边缘线,在边缘线内的为画面内容,边缘线外的则不是。也就是说任何画面都会存在于有限的空间与范围内,这个空间与范围便形成了版面,在有限的空间版面内进行编排,便是版式设计。

思考一下,在有限的空间内,怎样分配下面6个图形最节约空间?

▲ 不节约空间
版面显得松散

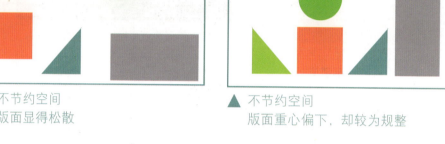

▲ 不节约空间
版面重心偏下,却较为规整

▲ 不节约空间
版面显得死板、凌乱

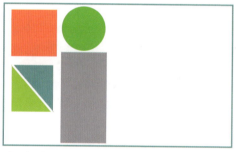

▲ 节约空间
版面却显得拥挤、失重、不平衡

从节约空间角度出发

不难发现,图4中的图形排列更加节省空间,有时只需转换下图形的方向,便能使有限的空间变得更加宽广,而这不仅是节约版式空间的方法,也可以成为编排版面中元素的方法。

节约空间 ≠ 美化空间

需要注意的是,节约版式空间的编排 ≠ 美化空间,如图4所示。从某些层面而言,节约空间只是利用好空间的一种表现方式。在版式设计中,节约空间是否就等于利用好了版面空间?其判断标准并非那么简单,还与设计的具体内容与构思等相关。
那么到底怎样才算是利用好空间呢?通过下文来做具体介绍。

利用版式空间有妙招

1.打破有限空间

如同前文所述，节约空间有时会使得版面中的元素显得过于拥挤与紧密，虽然从某种意义上看，节约了空间便等于利用好了空间，它能在有限的版面注入更多的信息，但过密的组合却不能使版式变得美观。

我们知道可以利用"转换图形方向"的方法来编排版式中的元素，元素能从紧凑的排列中为版式节约空间，而此时我们何不转换下自己的思维？仔细想想，其实有时候适当的"疏"也是节约空间的表现，相对于紧密，它也更能让版式变得美观。

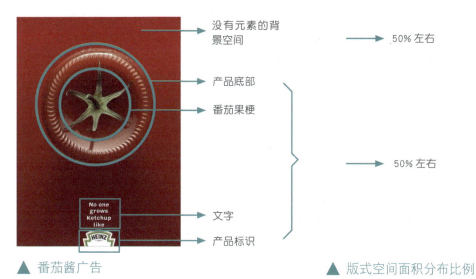

▲ 番茄酱广告　　　　　　　　　　　▲ 版式空间面积分布比例

从分布数据可以看出：
广告中各元素的排列组合并不紧密，
却没有造成空间的浪费。

这是因为，
过半空间虽然没有被具体元素覆盖，
显得"空旷"，
却被点缀上了番茄酱的红色，
使其有了与版式中元素有联系的内容，
版式通过这片有限的红色"留白"，
引发观者的无限联想。

从某种层面上来说,版式中没有具体元素的"留白"空间,看似浪费了版式有限的空间,但适当装饰这片"留白",却给大脑让出了位置,节约出了思维的想象空间。

可以说,有时"浪费"一点有限空间,就能打破这有限的空间,让思想的联想无限化,其实也是另一种"节约"空间的表现。如下面分析所示,你觉得下面哪组画面更能让你产生联想,更能让你有期待的理由?

▲ 画面已满,没有任何联想与想象空间

▲ 黑色方框代表什么?只是为了让版式更加饱满?

▲ 有了更加明确的信息,知道了广告还会出现续篇,有了期待感与联想下一个广告画面的空间

好的广告如此,版式设计也是如此,在设计版面空间时,留出恰当的悬念空间≠浪费版面有限的空间,反而吸引了观众,打开了一片无限的天地,这也是版式设计的目的之一——吸引读者,而这也需要与版式的具体要求及主题相联系,下面通过第二点来做具体介绍。

2. 把握版式中元素的空间分配

版式设计根据作品用途与要求的不同，有可能出现在各种形状的空间中，但它都属于二维平面空间，其中最为典型的便是方形空间，如杂志、书籍、海报等的版面设计。

而把握版式与平面空间的关键在于，对将要设计的作品，其用途、功能、主题思想与风格的分析与了解，以及对所要展示的内容的解析与筛选。

如下面这两组护发素广告画面，在每组间进行对比，你觉得哪个版式更能体现广告的趣味与用途？

对比　　　　　　　　　　　　　　对比

缺点：在图1与图3中，没有露出人物的眼睛，很容易使人产生误解与疑惑，分不清物体到底是什么，因此不能很好地表现广告主题，突出广告产品。

优点：在图2与图4中，露出了人物的面部，使人明白物体为头发，加强了产品意识感，人物表情与神态也使广告显得更为有趣。

优缺点原因分析

没有规划好有限的版面空间，导致图片元素过大，不能突出广告功能与视觉感染力。

相比之下，下面的两幅画面，则将图片元素缩放至合适比例，合理利用了有限的版面空间。

由上文的分析可知,根据版式需要重点突出的对象,以及版式的风格,合理地安排版式中元素的大小,能使版式拥有主题鲜明、突出的特点,这是版式中空间分配的目的,也是版式设计的原则之一。

我们还可以发现,上文中的案例主要以文字较少的广告版式为主,那么尝试思考一下,在文字较多、信息量非常大的版式中,该如何分配元素的空间?上面这两种方法还适用吗?

3. 宰相肚里能撑船

思考在下面的对比中,你获取了什么信息?

招贴宣传海报

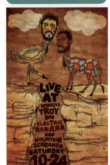

产品宣传广告

书籍内页

杂志内页

目的
第一时间吸引读者眼球,
传达最有价值的信息,
从而达到广告或宣传的目的。

特点
属于快消品,
需要使读者在最短的时间内,
获取最有效信息的环境。

特点分析
在这类版式中,
通常文字较少或适中,
要传递出重要信息,
有视觉冲击力是关键。

目的
传递实时资讯,
弘扬知识文化。

特点
通常使用文字描述等方式,
使读者获取
更多的知识与信息,
具有保存价值。

特点分析
在这类版式中,
通常文字较多,
利用文字记录的方式传递信息,
版面会因此显得较为饱满。

从上面的分析可以看出，由于目的与作用不同，不同的版面会拥有不同的版式样式或图文比例，因而会带来不一样的视觉感受。

广告、海报等版面中的文字较少，且信息较为精简，因此版式中可能会出现大量空白，甚至因为留白而让版式显得更加轻松，形成联想空间，从而吸引读者。

杂志、书籍版面则不同，或许其吸引人的正是那一个个从文字间流露而出的故事，又或是文字描述中所蔓延的学术解释等。

这印证了本小节第二点所述，版式中元素空间的分配，与版式目的及内容等相关。同样的道理，在书籍或杂志的版式设计中，根据内容、主题、风格等不同，元素空间的分配也不同。

由于功能不同，书籍或杂志的版式设计或许会没有那么多留白，但同样可以运用在本节中第一点所讲述的方法，在无形中扩大有效空间，并在其中有序地编排诸多信息，形成一种"宰相肚里能撑船"的效果。

▼ 以杂志内页为例

如左图所示，
版式中所运用到的某些图片或图形元素都没有被完全框在版式之中，
有种向版式之外的空间延伸之感。

这种延伸感打破了有限空间的限制，
通过无形的扩张，
获得了更大的空间。

这样即使版面中元素较多，
也不会显得过于拥挤。

从上面的分析可知，虽然版式的样式与图文比例有所不同，但在对杂志或书籍这类拥有较多文字信息、较为紧密的版面进行设计时，也可以运用本节中所讲到的两种方法，对空间进行有效的分配与利用，来缓解版式的拥挤感，使版式更加透气。除此之外，也需要注意对文字元素的空间编排，调整版式中文字阅读的流畅性与趣味性，也能使版式更具吸引力。

利用好有限的空间，能将有限转换为无限；而对版式中元素的空间进行有效的分配，又能在突出版式主题的同时，提高版式的功效。只要利用好这小小的空间，它就像宰相的肚皮一般，能包容许多不可见却又无限的收益。

1.1.2 大胆取舍，保留重点

对比下面两张广告图片，哪个更能清晰地突出广告产品是什么？

相信大多数人会选择第一张图。
看到第二张图，
我们或许会产生一定的联想，
但却不能确定该广告的产品。
相比之下，第一张图右下方的产品虽小，
却起到了点睛的作用，
明确了广告产品，突出了广告主题。

通过对比可以发现,在版式设计中,除了利用好空间外,对于信息的筛选也很重要,留出不必要的空间,只会使版式中缺乏信息的输出,影响版式主要内容的表达。

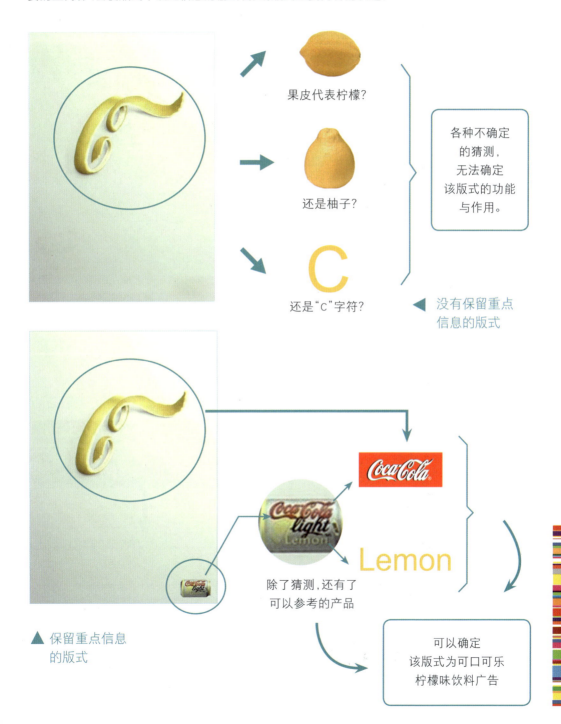

通过上面的分析,可知保留信息在版式中的地位,但也不能因此不分轻重,一味保留,在取与舍之间要做大胆的权衡。

我们的水果酸奶中:	有实实在在的水果成分
我们的水果酸奶中:	水果的含量超乎你想象
我们的水果酸奶中:	奶质优秀
我们的水果酸奶中:	水果新鲜可口

该广告并没有迫切呼吁的情感,因此重复用语显得拖沓。

该信息与广告画面有些格格不入。

如上图所示,对于水果酸奶产品,我们有太多信息想要传达给消费者,于是我们不假思索地罗列了许多该产品的优点。

但消费者浏览广告的时间是有限的,大量的信息只会让人窒息,保留最引人注目与最有效的信息才是关键。

(译:这酸奶——有料)

BURSTING WITH BIG FRUIT

因此大胆取舍,提取与画面最相关的信息,留给消费者想象的空间。

设计手札

　　通过对信息进行合理的筛选,能使版式在有限的空间中,更为有效地传达信息,发挥版式的作用,发挥一定的视觉效应,有效信息的添加与无效信息的删除也能使版式拥有不一样的空间分配,更加完善版式的整体效果。

　　除了广告版式设计外,在杂志内页等较为密集的版式设计中,同样也可以使用"大胆取舍、保留重点"的原理,去调配与把握版式的空间布局与分配。

比如需要在一本16开大小杂志的两页内页中,编排一篇关于某个画家介绍的文章。

在编辑前,
你肯定会收集
许多与该画家相关的资料,
如画家的诸多画作。

又比如
该画家的生活故事,
以及其他兴趣爱好等
一系列资料。

画家的画作很多,不可能像制作画册一般,将所有的画作都安排在两页的空间中;画家的故事也很多,两页的空间也远远不够。如何在两页的空间中对画家进行介绍? 这便涉及对信息的整合与筛选。

设计手机（续）

筛选信息第一步：
明确我们需要给读者传递的信息

| 主要介绍画作中的作画技法？ | 还是介绍画家有趣的生活故事？ | 或是主要介绍画家所绘制的作品？ |

若以上信息都难以割舍，
进入筛选信息第二步：
挖掘信息中的重点与联系

| 从诸多技法中筛选重要技法。 | 从诸多故事中筛选有趣故事。 | 可以根据故事筛选画作。 |

从筛选中，我们得知该画家非常喜欢狗，并且画了许多与之相关的画作，可以此为切入点，对画作与画家信息及作画技法等信息进行进一步的筛选，并运用到内页版式中。

最后选择了这样的设计

保留的信息：
两只小狗的画作；
与该画作相关的作画技法；
画家的简介；
画家与狗的有趣故事。

上面的案例，基本呈现了杂志内页编排中对信息的筛选过程。有时信息量实在太多、太大，"大胆取舍、保留重点"的方法可以缓解版面的信息压力，同时让过滤的重点信息在版面空间得到更好的展现；从另一方面说，这也更加有效地利用了版面空间的表现。

1.2 让你的版式会说话

上一节通过空间分配的方法,告诉了我们:版式设计就是根据版面要求与作用的不同,在一定的空间内对各种平面设计元素与信息等进行整合、编排的设计。

版式中到底有哪些平面设计元素呢?其实我们可以将这些元素的表现形式归结为点、线、面,本节我们便会对它们进行介绍。

1.2.1 具有张力的点

你在下面的版面中看到了点的存在吗?

◀ 这4个版面中存在较为具象的点元素

◀ 该版面中有着看不见的"点"

什么是点？

就几何学的意义而言
点是可见的最小单元形式，是位置的表现形式，无所谓方向、大小和形状。

设计构成的点
几何中的点是不同的。只有当它与周围的要素进行对比时，才可知这个具有具体面积的形象是否可以称为"点"，从而将其分为具象点与无形点。

版面中本身便具有一些点元素，或通过对比，能够明显感觉到"点"的存在，称为具象点。如在上图中可以提取一些圆形图形，它们便属于具象的点元素。

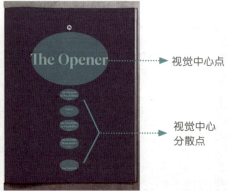

视觉中心点

视觉中心分散点

看起来并没有所谓的点，但实际上在视觉上起到了点的作用，称为无形点。如上图中虽然没有明显的点元素出现，却形成了视觉的焦点。

1.认识具象点

通过对具象点元素的聚散排列与组合,可以给人不同的视觉感受,具有不同的版面效果,因此可以将具象点归纳为3种类型。

- 密集点。

  密集点的运用能使视点更集中,达到吸引眼球的目的,有节奏地排列密集点,给人一种视觉均衡感。

- 分散点。

  运用剪切、分解等基本手法,打破整体图形对象,形成零散的分散点,能使画面产生独特的视觉效果,而点在分散中也不失整体感。

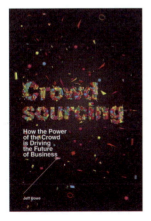

- 自由点。

  自由点的运用最为灵活,其自由地组合表现出的随意散落感,容易使版面显得活泼生动。在版式设计中,可以运用自由点协调画面各元素,让各元素产生更强烈的联系。

2.认识无形点

根据无形点位置的不同，版面也会呈现出不一样的视觉效果，如下图所示。

居中
显得平稳、稳定，集中感强。

偏上
最为贴合人们视觉阅读与浏览习惯的顺序。

偏下
有沉淀感，显得安静与低调。

黄金分割点
黄金分割点为焦点时，更能引起人们的注意，版式更具构图形式感。

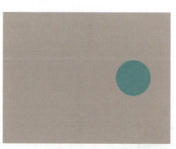

偏右
容易给人扩散后再次聚拢的整体感，通常具有总结效应，总结性元素常会安放于此。

偏下
在横向版式中，偏左的视觉效果与纵向版式的偏上相似，更符合中国人的阅读习惯，但分配不均容易使版面产生不平衡感。

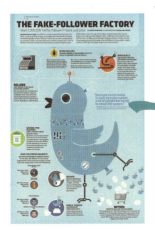
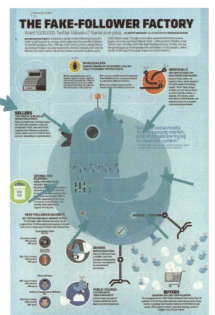

▲ 无形点居左的版式

左图版式中的主体为视觉中心点,被放置在了版式的居中位置,使版面周围分散的元素与信息有了聚拢的集中感,加强了版式元素间的联系性与版式的整体感。

▲ 无形点居左的版式

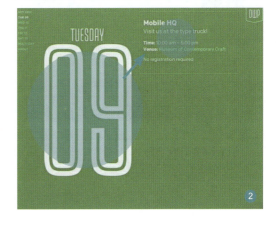

上图为横向版式,无形点被放置在了画面左侧,并以此点为发散点,向右侧发出了3个小点,如右图1所示,3个小点的添加平衡了与视觉中心点的轻重关系,使版式整体更为匀称。

右图2中则只有一个发散点,相比之下,无形点使版式给人一种左重右轻的不协调感。

将点元素运用得更具张力

通过前面的学习,我们在了解了无形点的基础上,也大致了解了如何在版式设计中运用与安排无形点,以使版式达到预期的视觉效果。除了无形点外,对于具象点的组合与运用,同样能改变版式带来的视觉感受,其中当点元素组合成线或面的效果时,版式将更具张力。

1.点的线化

点的线化其实是在点元素自身的张力作用下所表现出来的,"两点之间形成线段"的观念,使我们在看到两点之后,总会在心理上产生一种线条的连接感。在对某些版式进行设计时,也可以利用这种心理感受,如下图所示。

将点有方向性地分散排列,使得点不过于分散的同时,也有了线的联系感,这样的安排也不会让版式显得过于死板,反而形成了一定的张力。▶

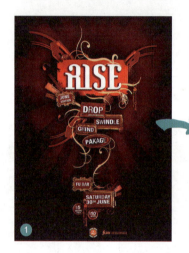

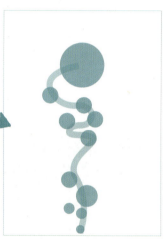

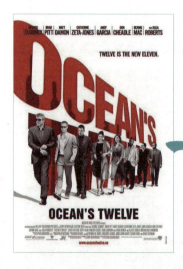

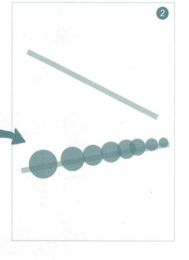

◀ 左图中下方人物形成了具象点,而这些点由于张力连成了一条线。而对透视学的利用,使点的线化与人物上方所构成的文字线形成了一定的呼应,得到了别具一格的版式效果。

2.点的面化

在同一版面中,面积大的点通常比面积小的点更具张力,如下图所示,因此当点被面化后,也能使版式更富有扩张的表现力。

▲ 版面中点元素面积较小

▲ 面积较大的点元素更具张力

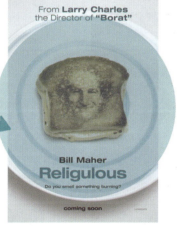

● 独立点的面化。

点的面化可以使足够大的点本身形成一个面。

如左图所示,正如上文所述,足够大的面能让版式获得视觉张力。

● 密集排列的点的面化。

点的面化也可以是通过多数点密集排列形成一个虚平面。

如右图所示,通过密集点组成更大面积的点,在扩大版式张力的同时,也丰富了版式的层次与组合形式感。

📝 设计手札

通过上文的讲解，我们认识到了版式设计中的点元素，下面将尝试在版式设计中运用点元素。

比如当我们需要给最右侧图中的版式搭配几张图片时：

是这样搭配？　　还是这样搭配？

❶ 没有将图片转换成"点"，版式显得规整缺乏特色，图片与背景的图形缺乏造型联系。

❷ 图片转换成了与背景图形一致的"点"，但"点"的大小太过一致，分布也过于死板。

最后我们选择了这样的

↴ 点的分布错落有致
版式中图片形成了具象点，错落有致地分布在版面中，使版式显得更加生动。

↴ 点的大小有变化
配合错落有致的摆放方式，调整图片点的大小，也使得版式富有变化。

该版面为旅游宣传单的版式设计，通过该案例可以看到版式设计中点的运用。可以将版面中的图片转换为大小不一、错落有致的具象点，这样的方式能使版面更具形式变换感。

1.2.2 线的灵活性

观察下面3组画面中的线条,思考一下它们分别带来了什么样的感受。

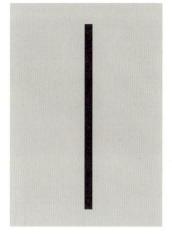  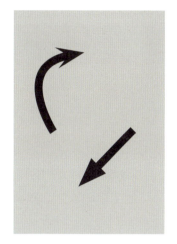

这3组画面所展示的也是3种不同的线条类型。感受到它们带来的不同情感体验了吗?

图1:直线。容易使人想到刚强挺拔的男性。
图2:曲线。容易使人想到婀娜多姿的女性。
图3:带箭头的线。具有很强的目的与导向感。

什么是线?

就几何学的意义而言
几何学所表示的线没有粗细,只有长度与方向。

设计构成的点
线会在画面中表现出不同的宽窄粗细,并同时拥有伴随着情感产生的视觉效果。

在版式设计中,
如果说点是静止的,
那么线就是点运动的轨迹,
游离于点和面之间,
具有位置、长度、宽度、方向、形状和
性格等属性。

在版式设计中，线条不仅是几何意义上的直线，还可以被表现为一些几何形态，让版式给人不一样的视觉体验。

而不论是哪种类型的线条都具有分割性、方向性与粗细区别的特点，如右图所示。

细线：显得细致、精致

各种线条将画面分割成不同的空间

线条有着向左与向右的扩散性，这是线条的方向性带来的

粗线：显得厚重有力

总的来说，
线条的分割性能让版面中的元素组合具有主次清晰的空间感；
方向性能让版式具有很强的引导视线功能；
粗细不同的形态也能让版式给人带来细腻与刚硬的不同感受。
除此之外，
线条也可分为直线、曲线与装饰线3种不同类型。

1.直线

直线是线存在的一种形式，其本身也具备不同的存在方式，如下图所示。

垂直直线

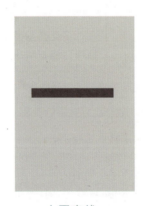

水平直线

倾斜直线

折线　　　　　平行直线　　　　　交叉直线

直线刚正不阿的硬朗造型与形态，容易让人联想到理智、理性、冷静与科学，但有时过于挺拔的姿态，也容易显得呆板与固执。

◀ 左图使用了垂直直线，版面被分割为了不同部分，垂直直线与版面的高边形成的平行效果，让版式显得整齐与规整。

右图中使用了倾斜直线，相对于垂直直线而言，倾斜直线显得更为灵活，搭配版面中其他倾斜相切的元素，版式更加富有变化的形式感。 ▶

2.曲线

曲线是线条的另一种表现形式,它代表了弯曲的运动轨迹,与直线相同,曲线也有着不同的样式,如下图所示。

弧线

漩涡线

封闭曲线

与直线相比,曲线具有弧度的变化感,容易让人联想到柔美、温和、灵动,但不当地运用曲线也容易使人产生视觉的繁乱与无导向感。

▲ 上图半封闭式圆形弧线结合字体,使得文字显得更加飘逸,同时也给版式分割出了圆形空间,显得更加灵活且富有变化。

曲线延绵的流畅感给版式带来了向外扩张的延伸效果,相对于直线分割而言,A弧线让版式更加灵动,且与B弧线相呼应。

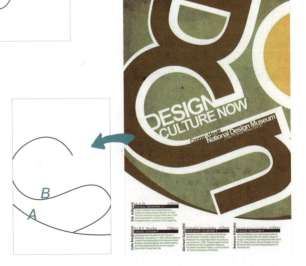

3.装饰线

装饰线中也可以有直线与曲线的形式区别,但相比之下,装饰线的造型更加独特与多变,如下图所示。

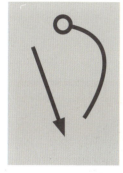   

各种带箭头等符号的线　　　虚线　　　　　　点线　　　　　　空心菱形线

除了上面所展示的装饰线条外,还存在各式各样其他形式的装饰线条,若将直线比作刚健挺拔的男性,曲线比作婀娜多姿的女性,装饰线条则像个顽皮的孩子。多变的造型,不仅使得装饰线条本身具有很强的装饰美感,同时也能让版式具有不一样的视觉效果。

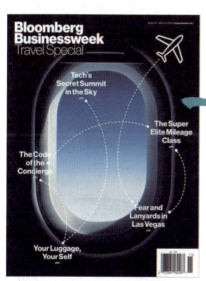

结合文字的造型,下图的版式中使用了由星星组成的装饰线条,丰富了版面元素,使版式整体更富有变化与形式美感。

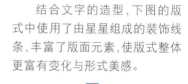

▲ 上图的版式中利用线条画出了一条轨迹,对人们的视线具有引导作用。同时,使用带圆头的虚线,让版式更富有变化,装饰感更强。

不同表现方式让线条更具灵活性

通过上文我们了解了什么是线,由于不同类型与样式的线会拥有不同的性格,因而会给观众带来不同的情感体验。而在版式设计中,线条除了能以几何意义上的线条造型出现以外,也可以被表现为类似于线条的块面与几何体。除了粗细与方向的转变外,在版式设计中,组合或更加灵活地运用这些"线条"时,版式会呈现怎样的视觉效果呢?下面便来做详细介绍。

1.长短不一的组合

▲ 如上面3幅图所示,画面中使用了长短不一的"线条"组合,在重复中,版式又有了参差不齐的节奏感与强弱不同的对比感。

2.线条不同质感的表现

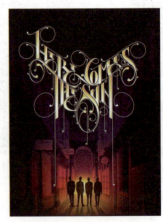

▲ 上面的3幅图,根据版式内容与风格的不同,分别选择了看起来圆润立体的线、有纸带质感变化轻盈的线、有钢笔手绘感硬朗又精致的线,在进一步符合版式主题、传达版式思想的同时,线的质感也丰富了版式的视觉效果。

 设计手札

通过上文的讲解,我们知道了什么是版式设计中的线,也了解了不同的线会使版式设计呈现出不同视觉效果,下面尝试着给右图的版式选择适当的"线"。

你是否感觉右图中的汽车图片与背景中的图形化元素缺乏联系?此时便可以通过给版式添加"线"的方式,加强版式的整体感。

是选择普通直线?   还是选择装饰直线?

普通直线也能让
背景图形化的元素与汽车图片产生联系,
但其本身的造型显得有些单调,
且缺乏视觉引导的指向感,
也让直线缺乏向画面右方扩展的方向感与指引感,
版面因此缺乏视觉的延续感。

最后我们选择了这样的

↴ **线的造型有变化**

    装饰线条相对于直线而言,其造型显得更加丰富多变,更能使版面给人带来较好的视觉效果。

↴ **箭头符号让线具有引导性**

    结合版面内容,选择带有箭头符号的装饰线,使版面具有很强的延续与引导感。

    该版面为汽车数据分析册的内页,从该案例线条的选择中,我们可以更进一步地了解如何运用线元素。在该版式设计中,装饰性线条结合汽车,使汽车有了从远到近的延续与运动感,也增强了版面的流动气息。

1.2.3 面的铺张节奏

观察下面这一版式,你看到了面的存在吗?思考一下它们给你带来什么样的感受。

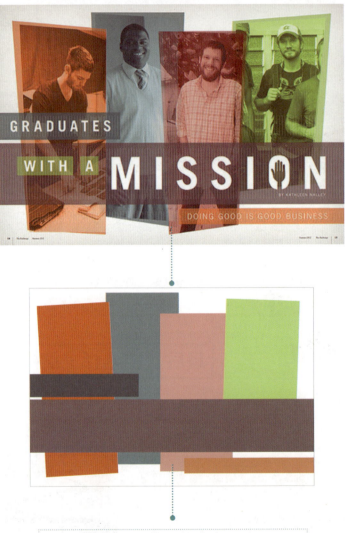

相信你肯定看到了如上图所示的,
这些由不同颜色构成的面,
那么你感受到了吗?
它们对空间进行分割,
让版面中不同的内容有了更加独立的空间,
却又都统一在了块面里,
此版式设计效果因为面层次及组合感变得更强。

什么是面?

就几何学意义而言
面是线的移动轨迹首尾相接而形成的,面有长度、宽度,却没有厚度。

设计构成的面
除了包含几何意义上的面外,根据面的结构特点,还包括有机面、自然面和偶然面。

在版式设计中,
面的形态是多种多样的,
不同形态的面也能表现出不同的情感。
同时,与线相同,
面也同样具有分割的功能与作用。
下面就来认识一下
版式设计中的这些面。

1.几何面

通过数学构成方式,运用直线、曲线或直线与曲线结合可以形成各式各样的面,如方形、圆形、半圆形等,因此我们又将几何面分为直线形面、曲线形面和直线与曲线结合面,如下图所示。

直线形面　　　曲线形面　　　直线与曲线结合面

如直线般,
造型规整、硬朗,
容易使人联想到男性,
给人安定与秩序感。

如曲线般,
造型蜿蜒、柔软,
容易使人联想到女性,给人轻松与灵动感。

如装饰线般,
造型多变、活泼,
容易使人联想到孩童,
给人自然与生动感。

总的来说,
几何面具有几何特征,
显得较为简洁、明快与理性。
在版式设计中,几何面能起到
协调与融合其他元素的作用。
就如本节开头思考题中的案例所述,
几何面在分割空间的同时,
能使版式更具有组合感。

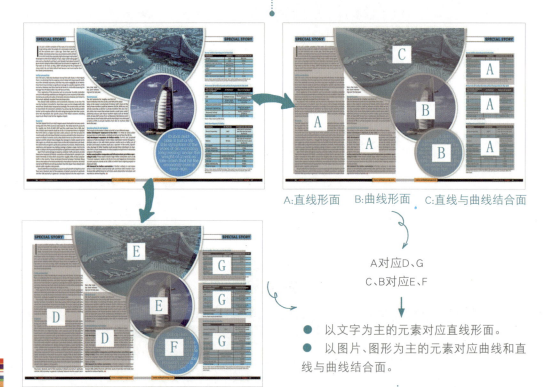

A:直线形面　　B:曲线形面　　C:直线与曲线结合面

D:文字　　E:图片　　F:图形与文字　　G:表格与文字

A对应D、G
C、B对应E、F

● 以文字为主的元素对应直线形面。
● 以图片、图形为主的元素对应曲线和直线与曲线结合面。

如上图所示,当将几何面综合运用在版式设计中时,版式整体充满了几何块面的分割韵味。

同时将版面中不同的内容分配在不同的几何面中,也让版式设计元素的组合在区分中有了分配的秩序感,使版面既具有变化,却又不会显得凌乱。

2.有机面

我们可以将有机面理解为有机形体的面,有机形体包括自然界中生物体的形象,如植物、动物等,也包括人工形成的物象,如建筑、汽车等,组成这些有机形体的面,便称为有机面。

- 在版式设计中,可以通过有意识地组织与编排各种元素,可以得到有机面,如下图所示。

通过编排组合成有机面的版式,比较容易引发观者的联想,使版式形成独特的视觉效果。

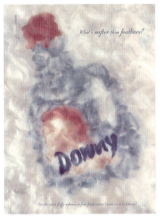
▲ 由羽毛拼成的产品形象有机面

▲ 由文字拼合成的动物形象有机面

除了上面的方法之外,也可以通过真实有机物本身或剪影的形式去表现有机面,如下图所示。

▲ 真实有机物——叶子构成了版面中的有机面。

▲ 叶子剪影构成了版面中的有机面。

根据版式设计所需,以如左图所示的方式运用有机面,使版式显得更加形象与具体,能更加直观地突出版式设计的主题。

3.自然面

可以将自然面理解为一种自由形态的表现形式,通过自由的徒手线条构成,以不同的外观形成不规则的面,给人以生动、灵活的感受,如下图所示。

上图中的画面运用了不规则的自然面,版式传递出了随意、自然的视觉感受,自然面的添加也让版式显得更富有装饰效果。

4.偶然面

偶然面是通过自然或人为偶然形成的面,如通过喷洒、拓印、腐蚀、融化、喷溅等手段,便可以形成偶然面的形态,如下图所示。

左图的版式设计,借鉴融化的形式,使手表形成了偶然面。具有动态感的偶然面,使版式具有不可复制的意外感与自然生动感。

让面的铺张更具节奏感

通过上文我们了解了各式各样的面,在版式设计中运用这些面,会使版面产生不同的视觉效果。我们知道,在版式设计中面所占的面积最多,面所具有的铺张感,能带来更大的视觉影响力,因此让面的铺张更富有节奏感,更能美化与丰富版式所带来的视觉效应。下面选取3种具有代表性的元素,来了解如何构建有节奏感的面。

1.文字面的铺张

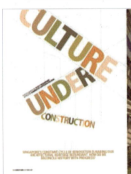

利用图片本身的面形成节奏感

图文构成了造型的对称,
版式排列显得新颖。

文字部分的排版组合,
也因此构成了
富有节奏感的铺张。

▲ 杂志内页排版

2.图片面的铺张

版式所用
的图片中主体
排列形成了
不同的面。

直线形面

曲线形面

版面左右两边有了造型的区别,因此增添了图片面铺张的节奏感。

▲ 化妆杂志内页排版

3.颜色面的铺张

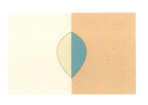

版面左右两边因颜色的区别形成了对比铺张的面,这样的搭配让版面形成了有节奏变化的块面感。

▲ 杂志内页排版

✏️ 设计手机

面元素的不同运用方式能给版式带来不同的视觉效应，下面尝试着自己思考与动手，让面元素在版式设计中动起来。

例如给右图中的画面添加下面的文字描述与符号装饰时：

是选择这样的排版方式？

符号与文字没有很好地组合，左图中红色圆圈圈出部分的符号遮挡了文字，不利于文字的表意，破坏了版式整体的美观。其实可以尝试将文字看作一个面，如下图所示。

最后我们选择了这样的

背景面

▶ 面的使用让版式更具整体感

版式中的文字有了大小与颜色的区别，因此可以重新调整文字的距离关系，让文字在更紧凑的同时，形成视觉上的面，让版式显得更具整体感。

同时，围绕文字添加背景面，与符号产生遮挡，不仅没有影响符号的表现，反而产生了一定的形式美感。

该版式为以文字为主的海报设计，将文字进行组合后，在视觉上形成铺张的面，与符号穿插组合，既完整呈现了文字内容，又使版式更具特殊的形式美感。

1.2.4 点、线、面的安排有讲究

观察下面点、线、面不同组合方式所形成的版面,感受一下这些版式设计所带来的体验,并尝试思考点、线、面之间所存在的组合方法。

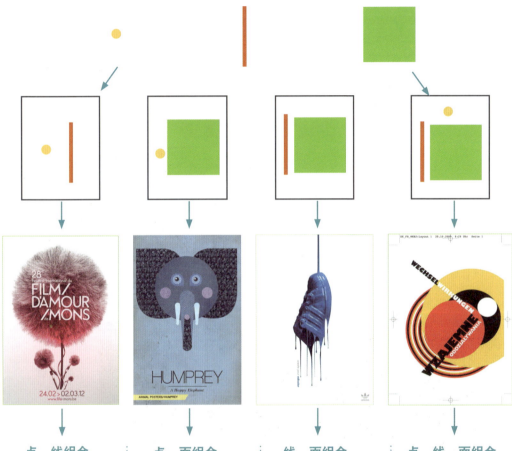

点、线组合

避免了点的单一,
丰富了线的内容。

使版式有了
从点延伸到面的
自然感。

点、面组合

相对而言,点与面
有了明显的大小
对比。

使版面产生丰富变化
的形象元素,
使版式有较强的
形式感。

线、面组合

线在延续分割中
形成面,
面给了这些分割的线
一个聚合空间。

线、面组合让版式
显得浑然天成。

点、线、面组合

三种元素相互
依存、相互作用。

使版式内容更加
丰富完整与富有
变化。

在版面中的点、线、面通常会以组合的形式出现,如上页所提到的4种组合方式。需要注意的是,点、线、面的组合是相对而言的,根据它们在画面中的比例关系决定其应用,并可以相互转换。而认真观察上页中的案例,我们在画面中所看到的点、线、面,就真的只是点、线、面吗?其实在点、线、面的组合中,也形成了一种构成方式。在画面中,我们看到的是点、线、面的组合构成,同时,相信你也看到了图形、色彩、文字的存在。

这说明了点、线、面作为理性视觉元素,并不是单纯地只以几何的形态出现在版式设计中,在大多版式设计中,不可避免地需要将它们转换为图形、色彩、文字等形象视觉元素。相对而言,版式中的图形、色彩、文字等形象视觉元素,也可以按照点、线、面的构成方式,在版面中进行组合排列,这一过程形成了我们所说的版式设计,这一过程也能让版式更具设计效果。通过下图,我们可以进一步认识版式设计中的视觉元素,并理解理性视觉元素与形象视觉元素的关系。

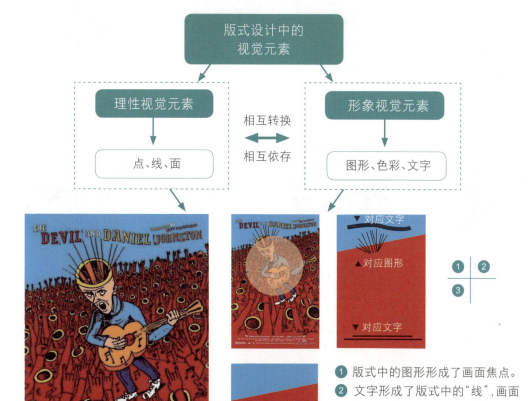

❶ 版式中的图形形成了画面焦点。
❷ 文字形成了版式中的"线",画面焦点——图形本身也有着点、线、面的构成,散发的线从脑袋这一"点"里扩散而出。
❸ 蓝色和红色色块将版式分为了两个面。

▲ 当图形、色彩与文字转换为点、线、面构成,点、线、面又依附于它们时,版式在表现内容的同时,也显得更富有韵味与节奏变化。

在本章第一节中，通过对版式设计的大体介绍，我们知道了版式设计与空间的分配密切相关，并掌握了一些分配空间的方法。

本章通过对版面中点、线、面元素的介绍，使读者认识了版式中点、线、面元素，以及它们在版式设计中的运用方法。同时也了解了版式中点、线、面的构成，并通过上一页的讲解与案例，进一步认识了版式设计中的视觉元素及视觉元素间的关系，从而加强了对版式的理解。其中利用点、线、面构成对版式中形象视觉元素的组合安排，同样也是一种版式空间分配的思路，而这种思路也有以下3种方法可循。

1.通过组合使版面更干练

在对文字较多的版面进行排版时，除了上一节中所说的"打破有限空间"、"宰相肚里能撑船"等方法以外，利用点、线、面的构成方式，也能让版式显得干练。

▲ 红色部分为留白虚面
　灰色部分为有内容的实面

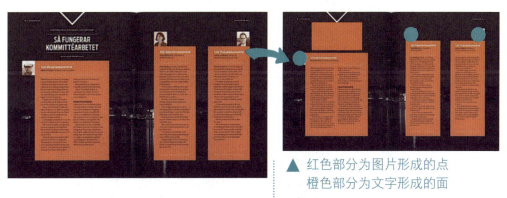

▲ 红色部分为图片形成的点
　橙色部分为文字形成的面

上面的两个版式中的文字内容都较为丰富，
在排版时，
根据版面内容将文字分成面或点，
并搭配适当的留白虚面，
这种以点、线、面组合为依据的排版方式，
让版式整体在简约、朴素中透露着秩序感。

2.交错与重叠的效果

点、线、面除了能带来规整与干练的版式外,通过对它们进行适当的添加与组装,可以让版式产生交错与重叠的特殊效果。

如左图所示,斜线将版式分割成了3个块面,再结合一根折线,让版式有了折叠的交错感。

在不影响文字表达的基础上,线、面组合给版式带来的错落与重叠感,让版式给人一种新颖与特别的视觉感受。

3.秩序中的异元素

不论是哪种样式的版面,点、线、面的组合与构成都能让版式形成一种秩序感,在这样的秩序感中加入异元素能使版式在秩序中有了活跃页面的突出焦点。

就版面整体而言

就花朵造型而言

背景中的异元素圆形,使其成为焦点,顺利地将人们的目光引向圆形之上的花朵。

白色的文字相对于大片深蓝色背景而言也属于异元素,这样的搭配突出了文字内容。

花朵的造型由点、线构成,而在这一束花朵中也存在着异元素,如上图黄色部分所示,它脱离了枝干单独构成了一个点,与其他的花朵形成了区别,因此其成为了视觉的焦点。

! 小心设计陷阱

杂志内页中点、线、面的运用

易错陷阱分析：

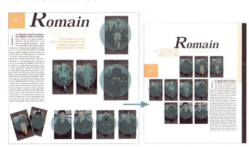

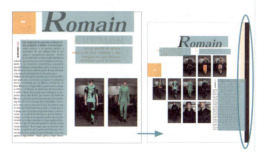

1.版式中点的运用过于散乱

在图片较多的版式中,可以将图片看作版式中的点元素,经过分析后,若这些图片所传达的内容相似,且在版式中的作用与地位相同,那么这些图片点便不需要进行大小的变化,规整的排列更能让图片传达出应有的效果。

2.版式中文字形成的面过于集中

段落文字形成了版式中的面,这些面都集中在版式左上方,使文字形成的面在版式中显得过于拥挤,调整点、面位置关系能让版式布局更加合理。同时也可以添加一些图形,如右图中的红色圈出部分,图形形成了版式中的"线",让版式的构成形式更加丰富。

41

1.3 版式设计重要吗?

　　了解了什么是版式设计,也了解了版式设计中的平面视觉构成元素,那么你思考过为什么我们要学习版式设计吗?
　　通过对本章的阅读,在了解了什么是版式设计的基础上,再一同来了解一下版式设计的重要性、版式与设计的关系,以及版式设计的用途,以巩固我们对版式设计的认识,并将认识运用到日后的设计之中。

1.3.1 版式设计让你拥有细腻的心思

对比下面这两幅画面,思考哪幅画面更让你印象深刻,并分析思考原因。

相信大多人数会选择第一幅图。
在没有接触版式设计以前你或许不明白为什么,
学习了版式设计之后你会知道并联想到,
这是点、线、面构成形成的重叠效果在起作用。
你的眼界变得更加宽阔,
你的心思变得更加细腻,
这些都有助于设计。

学习版式设计你会获得什么？ 上一页的思考题告诉了我们答案：

版式设计的学习在开阔我们的眼界与思维的同时，也提高了我们的审美水平，让我们不仅知道什么是好的，还知道什么是更好的。在这一过程中我们的心思逐渐变得细腻，设计作品也会因此而锦上添花，显得更加出色。

除此之外，在学习版式设计的过程中，你所拥有的细腻的心思还表现在"统筹大局，兼顾细节"之上。

你遇到过这样的情况吗？当你设计好版面后，发现版面并没有达到预期的效果或者显得有些空洞？如下图所示，版式有了整体效果，却总感觉有些空洞。

① 版式上方显得有些空旷，使版式整体重心靠下，显得不够平衡。

② 版式左下角稍显空旷，左右显得不够匀称。

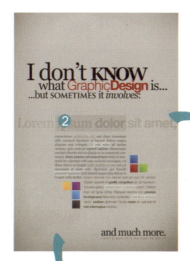

版式重心靠下

版式左右不均称

此时便需要在统筹版式大局的基础上，合理添加细节装饰性符号，以弥补版式的空档，如左图所示。

就如前文所述,版式设计是在有限的空间版面内对各种元素进行编排的设计,这样的特性注定让我们需要对版面空间进行全面整体的把控,但同时也需要拥有细腻的心思,在整体把控版式的同时,添加细节让版式显得更加饱满与丰富。细节的添加不在于多,也不在于华丽,但却需要帮助版式更好地传达主题与信息,使版式整体显得更加美观与均衡。

学习版式设计你会获得什么?阅读上面的案例后,再思考这个问题,也许你有了新的答案:

在版式设计的学习中,我们需要有细腻的心思去完善与改进版式。同样的道理,在抱着这样的心态,学习了版式设计后,你的心思也会越来越细腻。这是学习版式设计所获得的一种思维方式,而且这种思维方式也是版式设计的必需品。

1.3.2 爱设计,亲版式

下面为两幅书籍封面的版式设计,看到这两种版式后,你更愿意翻看哪本书,并思考为什么。

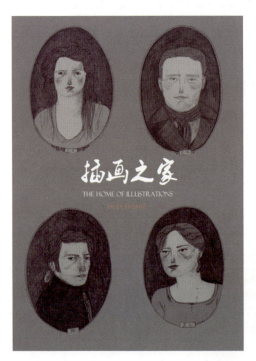
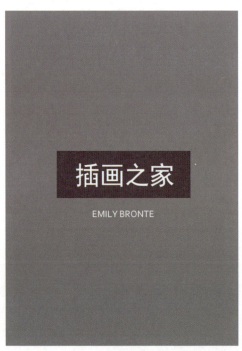

相信大多数人会选择第一个版式,
这是为什么呢?
其实这便是版式设计在起作用。

学习版式设计的重要性表现在许多方面，前一节通过某个侧面的介绍，企图让读者认识到学习版式设计的重要意义，而版式设计本身对于现代设计而言也具有重要的意义，就如同上页中思考题所展示的，好的版式能让设计作品更加引人注目，从而带来更多的收益——本节便希望读者在认识版式设计在设计中的重要性的同时，加强对版式设计的理解，为日后进行版式设计打下坚实基础。

为什么说爱设计，亲版式？

就理论而言

版式是现代设计艺术的重要组成部分，
是视觉传达的重要手段，
也是平面设计中的重要环节，
可以说，设计几乎离不开版式，
版式设计也成为
现代设计者所必备的基本功之一。

就实际操作而言

在进行设计之前，
总是会搜集各种素材，
如左图所示。
如何对这些素材
进行有效的筛选与运用？
这便涉及了版式设计。
在有限的空间中，
对素材进行有目的且美观的编排组合，
这既是设计，也是版式设计。

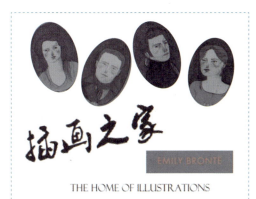

对于没有编排概念的人们而言

可能遇到如右图所示的状况，
或犯以下4点错误：

① 在给素材进行整合时不知道从何入手。
② 排列组合过于死板。
③ 排列组合过于松散。
④ 不能很好地突出版式的重点信息。

名为《插画之家》的
书籍封面版式设计 ▶

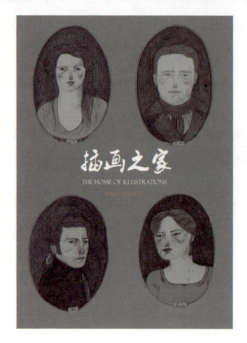

对于有编排概念的人们而言

可能会设计出如左图所示的版式。
他们懂得以下3点：

①利用居中构图突出版式中的重点——书名。
②利用对称构图安排图画元素。
③利用颜色的对比区分突出书名。

◀ 名为《插画之家》
的书籍封面版式设计

上面的对比告诉我们，
在进行设计的过程中，
不应忽视版式的概念与意识。
对版式的概念建立了一定的思维基础后，
能让我们在排版素材与元素时更加得心应手，
也能让我们的设计作品更加出彩。
这就是爱设计，亲版式的原因，
而这也体现了版式设计的重要性。

1.3.3 随处可见的版式设计

结合上文的讲解，在理解什么是版式设计的基础上，回想一下生活中你所看到的版式设计，是否层出不穷、多种多样呢？

相信对于这个问题的答案是肯定的，
不论是公交站台、车体广告、房产广告，
还是杂志书籍报刊……
我们的生活似乎被版式设计所包围。

| 第 1 章 你真的了解版式设计吗？ | 版式设计就这么简单（第 2 版） |

书籍封面

在有限的空间中，出现了元素的组合与编排，便会出现版式设计。

杂志内页

产品广告

在生活中随时能够遇到的版式设计

三折页

简历

网页页面

47

新闻报刊　　　　　　菜单说明书　　　　　　宣传海报

它们也是生活中常会遇到的版式设计

那么多的图片告诉我们，
版式设计在生活中确实随处可见，
不论是海报或是书籍，又或是广告，
都渗透着版式设计的概念，
可以说这些大众传播的媒介，
体现着版式设计独特的地位与作用。
在这种类繁多的版式设计中，除了都有着元素的组合与编排外，
它们还有一些共同点。
这些共同点也是版式设计概念的体现，
它能帮助我们更进一步认识版式设计。

①它们都是一种有计划与目的的平面展示。
②它们主要以传达信息为目的。
③版式设计依附于它们之上，为它们提供视觉设计的基础。

　　通过本章，我们认识了版式设计，了解了版式设计中的基本视觉元素，也认识到学习版式设计与版式设计的重要性。下面带着这些知识，让我们来更加深入地了解版式设计的设计原理，来开启第2章的学习与了解。

第 2 章

法则 ≠ 条条框框

1 学会灵活运用版式设计法则

2 学会利用与打破网格

3 学会让你设计的版式富有形式美感

4 学会让你设计的版式拥有视觉引导力

2.1 版式设计法则中也有"相对论"

本节主要分为两部分:第一部分主要讲解与版式设计相关的法则,使读者在认识版式的基础上,能更加得心应手地进行版式的设计;第二部分则企图"推翻"这些法则,"推翻"不等于法则是错误的,其主要目的在于开阔你的设计思路,为版式设计提供更多的思想基础。

请将本节中的两部分进行结合对比阅读,你会发现版式设计法则中其实也有"相对论"。

2.1.1 让版式设计法则成为设计的利器

观察下面5个版式,思考一下其中元素组合的规律。

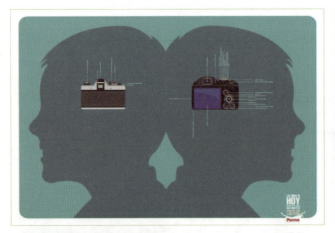
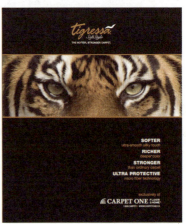

其实在上页的5个版式中,
分别反映了5种不同的版式设计法则,
有对称与均衡,有单纯与秩序,
有节奏与韵律,有虚实与留白,也有对比与调和。
下面就来分别认识一下这些法则。

单纯与秩序

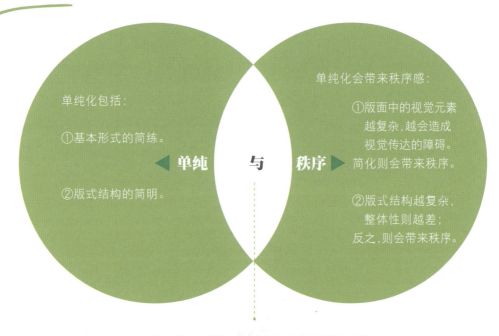

单纯化包括:

①基本形式的简练。

②版式结构的简明。

单纯化会带来秩序感:

①版面中的视觉元素越复杂,越会造成视觉传达的障碍。简化则会带来秩序。

②版式结构越复杂,整体性则越差;反之,则会带来秩序。

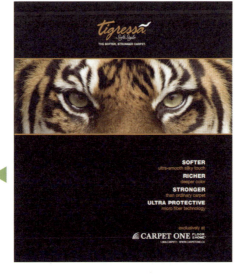

右图版面中的元素简练,编排也显得简明、清晰,却更能给人带来视觉冲击。

51

对比与调和

在版式设计中,各元素间存在着各种对比关系:大小、主次、强弱、疏密、动静、虚实、色彩等。

对比关系越鲜明,我们视觉的认知便越显著。

◀单纯　与　秩序▶

有了对比,便需要进行调和。

调和使视觉元素在对比关系中又能相互缓和与协调。

对比是差异,调和则是寻求共通。

版面中运用了黑白的色彩对比、距离的远近对比、元素间的大小对比、文字的疏密对比等对比关系,这些对比都让此版式产生了鲜明的视觉效应,增添了版式的形式感。

而版式却并没有因这些对比而让人眼花缭乱,这便是调和在发挥作用:如文字有疏密的对比,却疏密得当,不会过于疏,也不会过于密;调和让对比更加协调,也让版式突出而不突兀。

对称与均衡

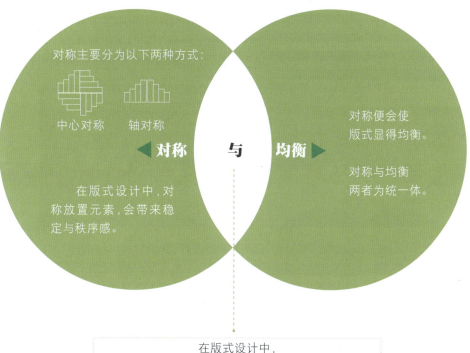

1.对称均衡

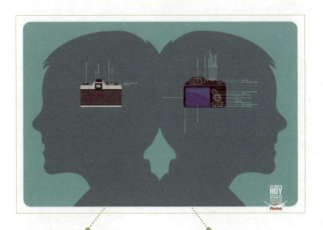

绝对对称均衡

相对对称均衡

该版式中运用了绝对对称均衡与相对对称均衡，
使得版式整体在稳定中又富有变化感，
不会显得过于单调与呆板。

2.非对称均衡

非对称均衡是指版面中等量不等形，而求取心理上"量"的均衡状态，如下面的3幅画册内页所示。

在这3个版式中，左右两边的元素都处于非对称均衡状态，既有相同的联系，却又不完全相同。这样的版式安排使版面既具有相对的对称感，也具有灵活与生动的变化感，版面更富有现代设计感。

节奏与韵律

节奏指的是事物有规律地重复,在不断重复中产生频率的变化。

这种变化在视觉上可以理解为面积、明度等对比的反差变化。

◀ 节奏 与 韵律 ▶

变化小时称为弱节奏,变化大时称为强节奏。

韵律是通过节奏的重复而产生的。

从版面来讲,图形、文字、色彩等元素在组织上合乎某种规律时所给予视觉心理上的节奏感,便是韵律。

节奏变化过多或过强时,都会破坏韵律的秩序美。

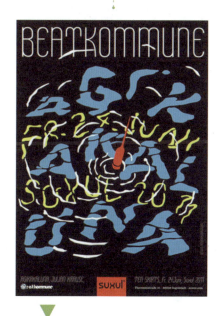

版面中利用图形与文字的变形,模拟了水面涟漪的荡漾效果,版式在水纹一圈圈的重复与变化中,有了节奏感。

版式中的文字依附于这种节奏感,有了特别的形式与造型美,这样的形式与造型也让版式形成了一种律动的韵律美感。

虚实与留白

版面中的"虚"既可以为空白，也可以为细弱的文字、图形或色彩等元素。

版面中的"实"为版面主体或主要表现对象。

◀ 虚实　与　留白 ▶

为了强调主体，在版式中，有时有意将其他部分削弱为虚，甚至以"留白"来衬托主体的"实"。

版面中的虚实关系：
以虚衬实，
实由虚托，
版面中的实形与虚形
是矛盾的两个方面，
它们同等重要。

如第1章1.1节所述，留白是空间分配的方法，也是版式设计中特殊的表现手法，能使人感觉轻松，最大的作用在于引人注意。

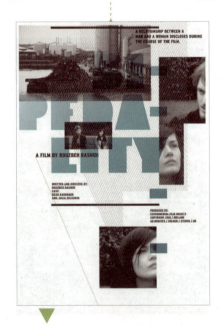

在上面的版式中，下方的排版便采用了"留白"的手法，空白的"虚"衬托了图片的"实"，虚实结合突出了版面的重点，引起了人们对版面下方的注意。

同时，留白也让版面下方有了更多的空间，版面显得更加通透。

2.1.2 别让版式设计法则禁锢你的设计思路

再来看看下面5个版式,思考一下它们分别运用了上节所讲述的哪种法则。

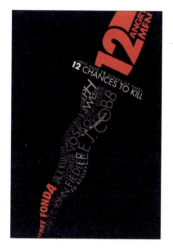
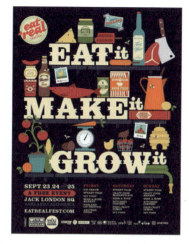
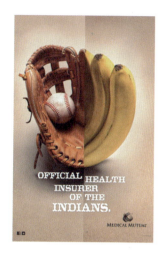

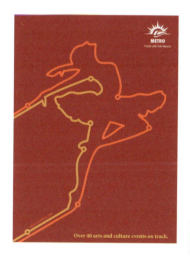

上面的5个版式,
都与上文中所提到的版式设计法则相关,
但相比之下,
这5个版式
更加灵活地运用了版式设计法则,
但在遵循法则的基础上,却也"打破"了法则。
下面便来具体了解这些版式设计思路。

单纯与秩序也要灵活处理

单纯与秩序法则教会了我们要将版式的形式与内容编排得简单,让版式显得更具有视觉突出感与大气感。

然而在实际设计中,往往条件有限,也不以设计者的意志为转移,有时版面中需要出现大量的元素,人为地简化版式的内容与元素,只会使得版式不能完整地表达需要传达的情感与主题。

思考一下到底该如何运用单纯与秩序法则?

此时便要学会化繁为简,让繁简的搭配使版式更具表现力。

更加灵活地运用单纯与秩序法则

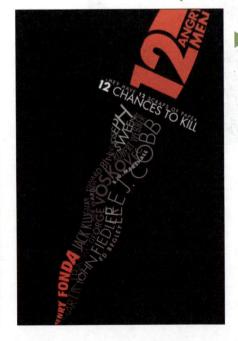

如左图所示,左图中的元素较为单纯,就只有文字与图形元素,此时便可以利用编排的技巧与形式感,让版式更具视觉吸引力。

灵活运用法则带来的优化体验

同样的,当版式中的元素过于繁复时,也可以利用编排的简化来凸显版面的整体性。

繁简搭配的排版方式,避免了版式因过于繁复而给观者带来阅读或视觉的压力。

对比与调和也要灵活处理

对比与调和法则教会了我们运用对比让版式拥有鲜明的视觉效应，同时利用调和让对比不至于过于强烈，也让版式有了轻重缓急之感，从而避免打破视觉平衡，产生不适应与不舒适的感官体验。

而当版式中需要拥有琳琅满目的元素，它们又显得都较为重要时……

思考一下如何调和这种版式中元素间的关系？

更加灵活运用对比与调和法则

此时，也可以运用繁简的对比去调和这些都较为重要的元素。

如左图所示，版式中的大标题文字与图形图案元素相辅相成，显得同等重要，如何让文字在图形图案中突出，又不至于抢了图形图案的风头，也不至于使版式因繁复的图形图案而显得凌乱？

通过观察左图可以发现，大标题文字的颜色单一，在色彩丰富的图形图案中得以凸显，这便是利用了颜色繁简的对比调和。

同时图形图案依附于文字，组合在了长方形的空间中（如红色部分所示），这样的分布与协调，也规整了版式。

灵活运用法则带来的优化体验

当版式中拥有琳琅满目且在版式中地位相当的元素时，可以将强弱轻重的对比转换为融合式的对比与调和，让元素处于同等地位，但又不会使版式显得凌乱。

对称与均衡也要灵活处理

通过上一节的描述可以知道，对称与均衡分为对称均衡与非对称均衡两种情况，而对称均衡又分为绝对对称均衡与相对对称均衡，绝对与相对的结合可以让版式在稳定中富有变化。既然如此，何不尝试将对称均衡与非对称均衡相结合，它们又会带来怎样的版式效果呢？

思考一下对称均衡与非对称均衡碰撞后会形成什么样的版式。

更加灵活地运用对称与均衡法则

灵活地结合两者，相当于灵活地运用对称与均衡法则，这会让版式在稳定中又形成不均衡的心理对比，让版式给人特殊的视觉感受。

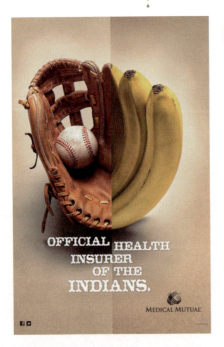

如左图所示，左图的构图采用了对称均衡法则将画面平均一分为二，但元素却构成了非对称均衡——棒球手套与香蕉的结合。虽然利用造型的相似，将元素采用了借形的手法组合在了一起，但事物不同，也形成了非绝对对称均衡的视觉体验，然而版式的对称构图，又给非对称均衡的造型组合带来了稳定感，版式整体也显得平衡。

灵活运用法则带来的优化体验

如同上文所述，对称均衡与非对称均衡的结合，使得版式在对称均衡的稳定中也有了非对称均衡的变化感，灵活地运用法则，带来了和谐的组合与拼凑，能让版式更富有特殊效果。

节奏与韵律也要灵活处理

如上一节所述,节奏与韵律法则让版式设计元素在不断的重复中,又产生了频率变化,从而使元素间的组合形成一定的节奏与韵律感,版式整体也因此形成秩序美。

然而只有重复才会产生节奏与韵律感吗?节奏与韵律法则只能用在重复与多元素的编排之中吗?

思考一下节奏与韵律法则还可以怎么使用。

更加灵活地运用节奏与韵律法则

其实不一定,简单的版式同样也能利用节奏与韵律法则,表现出律动感。

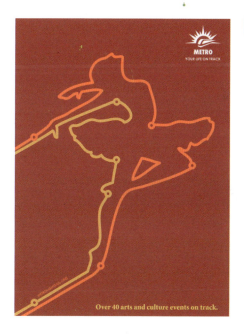

如左图中的版式整体显得简洁明了,版式中所使用的元素也较为单纯,没有过多的重复,仅用了两根简单的线段与几个圆圈组成了舞动的人体造型,不仅与该版式的主题——地铁相呼应,线与点的简洁组合结合人体运动的造型,也让版式形成了节奏与律动感。

灵活运用法则带来的优化体验

节奏与韵律的法则不一定只能用在有重复元素出现的版式中,运用这一法则编排组合元素,能让元素在复杂中形成规律与节奏,而把握这种规律与节奏,组合版式中简洁的元素时,同样能使版式有韵律感。

虚实与留白也要灵活处理

上一节中所描述的虚实与留白法则，对版式整体的布局而言，采用留白的"虚"，可以衬托主体的"实"。

这样的法则只适用于版式整体的布局吗？答案是否定的，其实还可以更加灵活地使用它。

思考一下虚实与留白法则是否只能用于版式整体的布局。

更加灵活地运用虚实与留白法则

其实对于版式设计中所运用的元素而言，该法则同样适用。

如左图中的留白不仅用于版式整体，也被运用在了版式的主体元素上。

就版式整体而言，除了"P"形主体以外，采用了留白的手法，形成虚实对比，突出了版式中的主体。

就版式中的"P"形主体而言，上半部分的留白与下半部分形成虚实对比，同时结合主体的形式与内容，也形成了一种遮挡即将被揭开的视觉效果。

灵活运用法则带来的优化体验

虚实与留白法则也可以被运用在版式中的各个元素之上，适当地运用这一法则，能让版式中的元素在虚实对比中丰富版式的内容与视觉效果。

设计手札

第二部分主要是在第一部分所讲述的法则的基础上,扩展与丰富了使用版式设计法则的思路,以使读者能明白一个道理——法则不是绝对的,法则也不等于条条框框,它是一种方法,却不是死板的规范,不能让它成为限制版式设计思维与创作的阻碍。抱着这样的心态,来看看如何编排下面的版式。

比如,给下面这个网页配上两张插图,以更好地展示网页信息时:

是选择这样的排版方式?

对于版式整体而言,图片采用了居中的放置方式,
上下排列使图片在构图上
形成了绝对对称,
这种排版方式遵循了版式设计中的对称与均衡法则。

设计手机（续）

上面的案例中，遵循了版式设计法则去编排各个元素，虽然这样的版式显得规整，却缺乏特色，何不更加灵活地运用版式设计法则，在遵循规则的基础上"打破"规则，在寻找依附于规则的同时，又更能凸显版式特色的编排方式？

于是

最后我们选择了这样的版式

▶ **将图片图形化**

与上页中的版式相同，同样利用居中构图安排图片，然而将图片图形化处理后，图片在对称中更具形式感，版式也因此增添了特色，显得更加饱满。

▶ **线条带来分割感**

线条让两张图片有了从整体的圆形被切成两个半圆的分割感，图片有了整体与分割的效果，同时又不缺乏对称的形式感。

该网页版式对图片的编排方式告诉我们，在对版式进行编排设计时，不仅可以借鉴与利用版式设计法则所给出的思路，而且需要灵活运用这些法则，比如搭配与结合一些图形元素，使得版式在传达出主题思想的同时，具备富有特色的形式美。在后面的章节中也会更为详细地阐述如何搭配与结合元素，从而让版式更加丰富。

2.2 网格是限制也不是限制

了解了版式设计法则后,运用一些工具,能够帮助我们更好地运用这些设计法则进行版式设计,本节将要介绍版式设计中的重要工具——网格。

本节也分为两小节,第一小节主要介绍什么是网格及网格的类型,第二小节则在此基础上,打破网格的限制,使读者认识到网格工具既可以让版式规整,而有时也可以打破它的限制,让版式灵活与多变。

2.2.1 认识网格也是一门必修课

在下面的版式中,你看到了不同的编排方式吗?

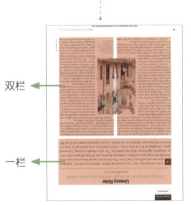

双栏

一栏

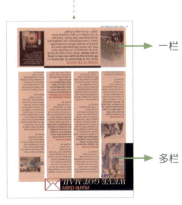

一栏

多栏

上页中所提到的一栏、双栏与多栏是什么?
其实这些可以被看作版式中的网格设计与分布。

什么是网格

网格的定义

网格是用来设计版面元素的一种方法，应用网格可以将版面的构成元素——点、线、面协调一致地编排在版面中。

网格的主要目的与意义

网格的主要目的是帮助设计师在设计版面时有明确的设计思路，能够构建完整的设计方案。它可以帮助设计师在设计时考虑得更全面，从而更加精细地编排设计元素，更好地把握页面的空间与比例。

网格的应用

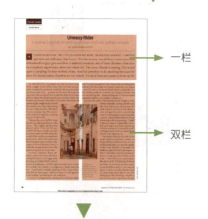

一栏

双栏

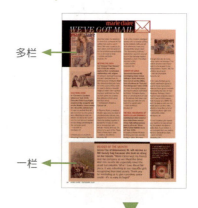

多栏

一栏

如上图所示的版式，
版式中分别运用了一栏与双栏的分割方式，
将图片与文字等元素编排在栏中，
使版式具有一定的节奏与变化。

上图所示的版式，
也运用了相似的分割方式——
一栏与多栏，
分割排列组合方式其实就是
网格在版式中的应用。

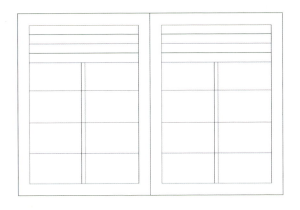

适当的网格设计与安排能让版式设计拥有严肃、朴实、规则、简洁等艺术风格,但在进行版式设计时,若没有利用好网格这个工具,则会让整个版面显得死板与呆滞,如左图所示。

下面可以通过认识网格的类型,在丰富对网格认识的基础上,更好地在版式设计中运用网格工具。

网格的类型

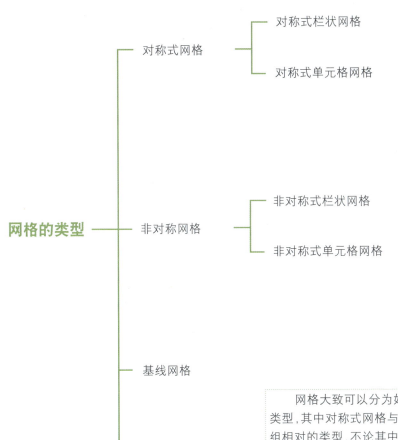

网格大致可以分为如左表所示的4种类型,其中对称式网格与非对称网格是两组相对的类型,不论其中哪一种类型的网格,都能在编排版式时,产生不一样的风格。下面便来具体认识一下这些网格类型与相应的版式。

对称式网格

对称式网格是指版面中左右两个页面结构完全相同,具有对称性的网格。

其主要作用是组织版面中的信息,使它们达到左右平衡的视觉效果。

对称式单元格网格

对称式单元格网格编排是将版面分成同等大小的单元格,然后根据版式内容编排相应的文字与图片。

对称式网格具有较大的灵活性,而页面也具备了一定的空间感与规律性,给人整洁的视觉体验。

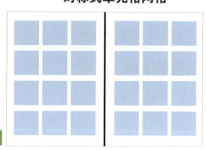

对称式栏状网格

单栏对称式网格

在单栏对称式网格版式中,文字的编排会显得较为单调,容易使人阅读时产生疲劳感。一般用于小说等文字性书籍中。

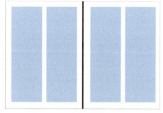

规整的双栏对称式网格

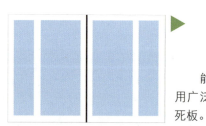

灵活的双栏对称式网格

能使阅读较为流畅,运用广泛,有时却稍显严肃与死板。

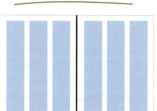

三栏式对称式网格

避免了阅读时产生疲劳感,打破了单栏的死板,版式显得较为活跃。

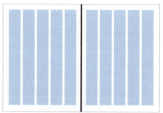

多栏式对称式网格

不适用于正文的编排,适用于如术语表等表格形式的文字。

非对称网格

非对称网格式是指左右版面采用同一种编排方式，但可以根据版面需要，对网格栏进行灵活调整的一种网格类型，它能使版面更富有生气。

非对称式单元格网格

非对称式单元格网格多应用在图片的编排上，这样的编排能使版式显得灵活多样、错落有致与生动有趣。

非对称式栏状网格

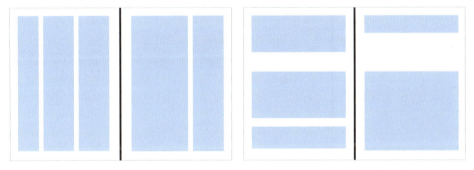

▶ 栏状网格主要强调垂直对齐，这样的方式能使得版面更为整洁且富有规律性，而非对称式栏状网格则在规律中多了一份灵活，如上图所示。

基线网格

基线网格可以帮助版面元素按照要求准确对齐，提供了一种视觉参考，也为版面的编排提供了基准。

如右图中呈水平排列的洋红色直线，即基线网格。

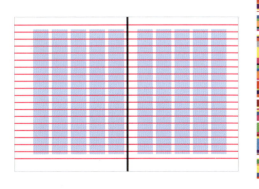

基线网格可以帮助版面元素按照要求准确对齐,提供了一种视觉参考,也为版面的编排提供了基准。基线网格可以帮助版面元素按照要求准确对齐,提供了一种视觉参考,也为版面的编排提供了基准。

基线网格可以帮助版面元素按照要求准确对齐,提供了一种视觉参考,也为版面的编排提供了基准。

在设计基线网格时,需要注意其大小、宽度与文字的字号密切相关。

当字体字号为10磅、行距为2磅时,需要设置宽度为10磅的基线网格,否则无法使文字很好地对齐网格。

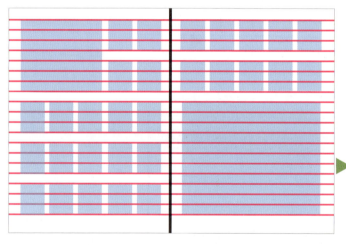

基线网格可以帮助编排文字信息,同时也可以用于图片的编排与对齐。

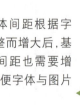

当字体间距根据字号大小调整而增大后,基线网格的间距也需要增加,从而方便字体与图片的对齐。

成角网格

成角网格是倾斜的，可以根据设计所需设置为任意角度。

在进行版面编排时，设计师可以利用成角网格打破常规，展现版式的创意与个性。

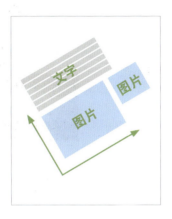

根据成角网格进行版面排版时，需注意考虑读者阅读的方便性

在编排图文时，方向统一，没有破坏版面表达的连贯性，同时也符合人们的阅读习惯。

上图中，图片与文字呈4个不同的方向，影响了人们阅读的方便性，同时版面也少了流畅之感。

设计手札

上面小节中主要讲述了什么是网格及网格的类型,那么如何在版式中运用这些网格工具呢?首先可以根据版面内容,设置与确定使用什么类型的网格,下面具体讲解。

比如,当我们在设计一个版式时,拥有较多的图片,

如何将这些图片整理在版式之中?

不难发现,图片都呈矩形,较为规整,而较多的图片就像一个个单元格,此时,不妨建立单元格网格,来作为版式的参考。

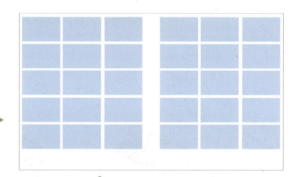

有了单元格网格的参考,结合版式的实际内容,对版式进行适当的调整,可以让整个版面更为灵活与美观。

2.2.2 尝试打破网格

在下面的版式中,你看到网格的存在了吗?

红色部分为有网格
红色部分以外为无网格

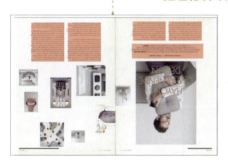
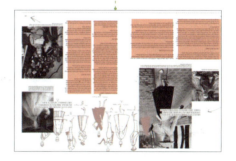

网格的主要目的是帮助设计者编排版面内容,以使版面更为整齐与美观,从而方便读者的阅读。

然而网格可以说既是限制,也不是限制,有时适当地打破网格,也可以让版面显得更为灵活,从而凸显版式的设计感,并传达出设计者的个性与情感。

灰色的文字部分没有采用任何一种网格类型,该版面使用了网格与无网格的对比编排形式,使得版面很有设计意味。

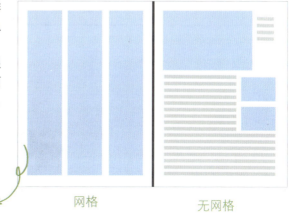

网格　　　　　　无网格

设计手札

网格在版式设计中主要起到了约束版面的作用,强调了版面的比例、秩序、整体与严肃感,网格能帮助设计者明确版面结构。有时在网格的基础上稍加变化,在不打破版式应有的秩序与美观的前提下,能使版面更加活泼与生动。

比如,当我们需要设计一个拥有类似于步骤说明的版面时,步骤的说明很容易使我们联想到一个个单元格,因此可以使用单元格网格来明确版式结构。

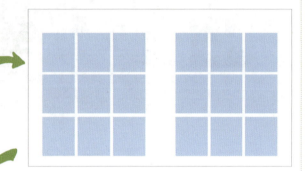

如果一成不变地将版式中的内容约束在单元格内,可能会得到如下图所示的版式。

该版式显得整齐美观,且条理与版面结构明确,读者阅读起来较为便利,然而被限制在网格中,显得较为呆板。

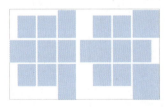

何不在单元格网格的基础上打破局限,大胆地将图片延伸?如右图所示,这样的版式在规整中是不是又多了一份活泼与生动呢?

2.3 想让你的版式具备形式美感吗?

网格工具能帮我们规整版式,适当地打破网格的限制也能让版式更加灵活与多变。

除此之外,合理的编排方式也能让版式具备一定的形式美感,那么如何对版式进行合理的编排呢?本节将带领读者一一进行了解。

2.3.1 学会发现版式中的形式美

你发现了下面几个版面中的形式美感了吗?

① 满版形式　　④ 倾斜形式
② 分割形式　　⑤ 三角形式
③ 自由形式　　⑥ 曲线形式

 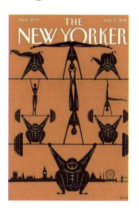 

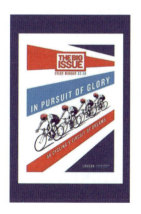  

满版形式带来的强烈视觉表现

当整个版面的上、下、左、右没有留白时,便会构成满版版面形式,有留白的版面则构成了非满版版面形式,两种版面形式也会带来不同的视觉感受,如下图所示。

非满版型版面形式

满版型版面形式

以上面中的图片为例,如果图片没有填满版面,便会出现如上图所示的情况,版面中图片的表现力与震撼力较弱。

相比之下,将图片填充于整个版面,能使图片的表现力更为强烈,同时版面也显得饱满、大方,能很好地吸引人们注意。

如上图所示,将满版形式运用在版式设计之中,整个版面会显得饱满丰富,且具有强烈的视觉吸引力。

通过上面的对比可以发现,满版形式能使版面显得饱满,且拥有较强的视觉吸引力,具备较强的视觉效果。满版形式的设计具有传播速度快、视觉效果强的特点,因此,它通常被用于广告宣传等需要第一时间吸引观者注意的版式设计之中。

分割形式中的空间感

将版面整体分为部分的形式称为分割形式版面,版面通过取舍后再拼贴形成分割的形式感,能使版面看起来较为灵活与富有空间感,其主要有3种分割方法,如下图所示。

等形分割

等形分割方式分割的形状完全相同。如上图所示,版式中的分割形状都为长方形,这样的分割使版面显得规整。

自由分割

自由分割是不规则、无限制的,如上图所示。这样的分割形式使画面显得不受约束,且显得更加活泼。

比例分割

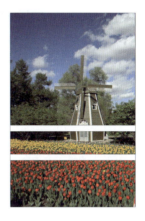

按照一定的比例秩序进行分割,如黄金分割、数列等,这样的分割能使版面显得明朗而富有形式美感。

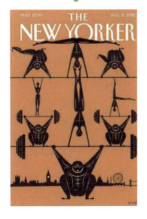

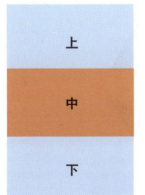

左图中的版式便采用了分割形式,版面被分割在了等形的长方形空间中,分为上、中、下3个整齐的部分,版面因此显得规整与平稳。

即使规整,但分割也带来了版面的形式变化,这样的变化使得版面显得有了生气,同时分割也让版式有了上、中、下不同的空间表现,版式内容更加丰富。

自由形式与倾斜形式打破常规

自由形式版式

倾斜形式版式

自由形式的版式在看似随意的编排中具有了活泼与轻快感。没有规律的排版方式常常使其打破常规，带来具有风格化的版式效果，如上图所示。

通过对比上图两个版式，不难发现，相比于左图中非倾斜与整齐的排版方式，打破规矩采用倾斜的形式，反而能突出版式中的运动与形式感。

三角形式与曲线形式中的动感

三角形式版式

曲线形式版式

通常人们认为三角形是较为稳定与安全的图形，这是针对正三角形而言的。相反，在版式中使用倒三角形的形式，会使版式显得不稳定与不牢固，版式也因此而具有动感，如上图所示。

将版式中的图文以曲线形作为参考进行编排，如上图所示，这样的版式通常富含了曲线弯曲的节奏与韵律，同时也让版式有了流动的趣味与变化感。

2.3.2 在发现中创新，而不是停滞不前

你发现下面几个版面中形式的创新了吗？

在前文所总结的版式形式的基础上，我们需要更多地创新与改变，而不是一味地以这些版式形式进行设计，这样只会让思维停滞不前。创新与改变能让版式更为美观与富有设计感，下面便来看看如何进行创新与改变。

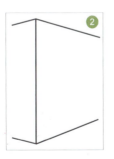

并不局限于采用长方形分割版面元素，还采用了倾斜的方式，让组合更为丰富与别具特色。

并不局限于一个方向的倾斜，不同的倾斜方式构成了成角透视感，让界面有了更进一步的形式美感。

三角形形式不等于版面中一定出现三角形，如图3的版式中，3只老虎与中间老虎的姿态形成了三角形形式，结合分割形式，使版式有了更为丰富的表现手段。

图4版式中的方形被倾斜为了菱形，在规整中多了一份动感，结合分割与满版形式，版式有了视觉冲击力。

设计手札

通过前文的讲解我们已了解,通过不同的设计手段可以让版式具备不同的形式美感,而不断创新与改变能让版式中的形式美感更富个性与独特。下面通过实际案例的制作,来看看怎样让版式拥有适当的形式美感。

比如,当我们需要设计一个淘宝店铺商品的清仓广告时,我们需要展示如右图所示的图片与文字,如何将它们组合在版式之中?

此时我们便可以利用前文提到的版式形式对版式进行设计。提到商品我们可能会联想到商场中的展示柜台,它们让商品有了属于自己的展示空间,因此我们可以模拟柜台的造型,利用方形来对版面元素进行编排。然而我们应该采用怎样的编排形式呢?

是选择常规的组合形式?

还是采用倾斜形式?

最后我们选择了这样的

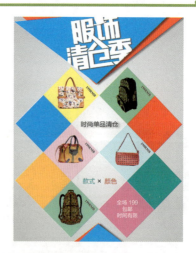

▶ 倾斜形式带来变化

选择倾斜形式是因为,通过对比不难发现,该形式让原本呆板与规整的方形组合有了变化的形式美感,这样的版面更能引起消费者的注意。

⚠ 小心设计陷阱

书籍目录排版中的形式美

易错陷阱分析：

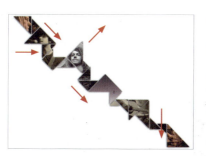

图片与图形的形式感

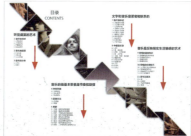

过于一致的文字排版

灵活的文字排版方式

版式设计中的文字元素应配合版式整体的形式感

　　通过上图与右图的对比不难发现，文字排版方式过于一致，会使版面显得过于死板，也与图片图形的形式感不搭调，因此当我们在给版式设计以形式感时，也需要注意版式中各种元素之间的搭配关系。

2.4 好的版式就像导盲犬

版式除了具有形式美，对于观者而言，在看到某个版面时，会对该版面形成视觉的流程感受。

版式的视觉流程是可以被设计的，适当地安排版式中的视觉流程，能让版式像导盲犬一般，帮助观者了解版面中的信息与内容，下面便来认识一下什么是版式中的视觉流程。

2.4.1 版式中透露的视觉流程

仔细观察下面的版式，想想它们给你带来了什么样的视觉感受。

 单向视觉流程   反复视觉流程   ⑤ 散点视觉流程
 重心视觉流程   导向性视觉流程

视觉流程主要是指版式设计中各种不同元素的主次、先后等关系，是指设计师在对版式进行设计时，需要考虑阅读顺序与节奏。下面来对不同类型的视觉流程进行介绍。

单向视觉流程的直接明了

在对版式进行设计时,通常设计师会特意采用某些形式来引导观者的视觉流向,其中单向视觉流程的编排,没有过多复制流程的设计,通常这样的视觉流程会使得版面显得直接、简单与明了。

单向视觉流程

直线式视觉流程   **横式视觉流程**   **斜式视觉流程**

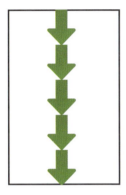 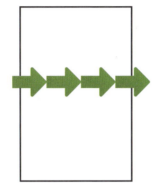 

直线式视觉流程具有稳固画面的作用,能使版式显得简洁有力。

横式视觉流程中主要视线是水平的,版式通常具有温和的画面情感,给人安静感。

版式中的视觉要素倾斜排放,通常给人一种不稳定却具有视觉特色的感受。

右图中的版式便采用了单向视觉流程中的斜式视觉流程。

倾斜的画面元素使得整个版式在不稳定中流露出动感。倾斜的视觉流程带来了不同寻常且特别的视觉感受。

重心视觉流程的视觉集中点

通常当我们在看到某个版式时,会有一个最吸引视线的中心视圈,这个中心点便构成了版式的视觉重心,以该重心为引导形成的视线阅读进程,便成为重心视觉流程。不难发现,重心视觉流程中版式的重心,通常也是视觉的集中点,如下图所示。

偏左上方的视觉重心

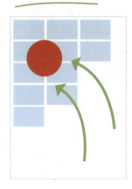

偏右下方的视觉重心

偏上方的视觉重心

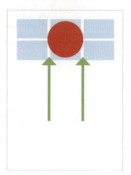

偏下方的视觉重心

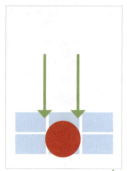

可以根据版面所需,设置版式的视觉重心,以此来吸引人们的注意,从而更为准确地传达版式信息。

如右图所示,是以儿童为对象的宣传海报,为了贴近该对象,将本来位于画面中间的跳舞把杆下移,视觉重心也根据画面所需向下移动。

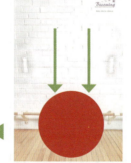

反复视觉流程的节奏感

采用相同或相似的元素重复排列组合在画面中,形成反复视觉流程,这样的版式统一性和连续性较强,能使版式具有较强的节奏感,如右图所示。

右图中的画面使用了反复出现的元素,图形在组合中给版式增添了节奏、趣味与生气。

反复出现的元素

导向性视觉流程的引导力

设计师在进行版式设计时，在编排版面内容的过程中通常采用一些手法，引导读者按照自己的思路去阅读与理解整个版面，这样的版式便会形成具有较强引导力的导向性视觉流程，这样的版式通常显得整体与统一，如下图所示。

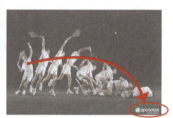

▲ 上图为药物宣传广告，以运动中的人物为对象，通过定格人物从运动到受伤的连续动作，形成一条隐形的视觉引导线，观者跟随这条隐形的线，最终视线落在了药物的名字与Logo之上。观者根据设计师有意安排的视觉流程的引导，进一步理解了版式内容，版式也因此起到了很好的宣传作用。

散点视觉流程中的自由与疏密感受

通常在以散点的方式设计视觉流程的版式中，元素都会被散点安排组合在版面的各个部位，这样的编排使得版面充满了自由与轻快之感，如下图所示。需要注意的是，这样的编排要处理好元素之间大小、疏密、主次的均衡搭配关系。

左图的版式中使用了长方体、正方体、立体三角形等元素，构成了版式的散点视觉流程。

版式中通过对元素不同的编排方式，突出了元素的主要部分，使版式整体在自由与疏密的均衡编排中又不失主次关系，突出了重点信息，让观者在自由的体验中也能很好地把握版面信息。

2.4.2 视觉引导让版式更具效应

通过对上一节的学习不难发现,不同的版式拥有不同的视觉流程,其中便包括视觉引导。与版面内容相适应的视觉引导能帮助读者理解版式,或者说能让读者在第一时间看到版式中最需要被人注意的部分,从而让版式更具效应,而视觉引导的设置方法大致有3种。

你观察到下面的版式中所运用的视觉引导了吗?

用阿拉伯数字设置引导　　直接指示元素视觉引导　　间接指示元素视觉引导

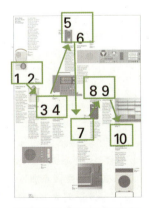

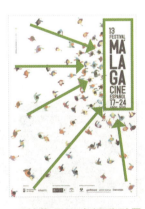

用阿拉伯数字设置引导

阿拉伯数字的加入很好地标明了版式中内容的阅读顺序,这样的视觉引导直观简单,也使读者能更为轻松地把握版式内容。

直接指示元素视觉引导

在版式中采用箭头、手势等具有明确指示性的元素,能让观者视线在第一时间跟随元素的指引方向移动,具备强调与引导作用。

间接指示元素视觉引导

间接指示元素的指示性较为隐蔽,如版面中的眼神指引、上图中朝某个方向移动的小人等,该引导不是特别直观,却显得生动。

设计手札

在版式中安排无形的视觉流程与引导能让版式变成导盲犬，帮助读者在阅读版式时变得更加轻松与明了，也能帮助读者在第一时间把握版式的重点。下面通过案例来了解如何对版式进行视觉流程的安排与视觉引导的布置。

是选择这样的组合与引导方式？ 还是这样的？

比如，当我们在设计一则手表广告，需要给观者展示手表4种不同的颜色及对应的说明时，我们会选择下面哪种方式对版式进行视觉流程的安排与引导？

上图的版式虽然说明了4种色彩，却缺乏阅读流程的安排与引导，让读者的视线不能很好地注意到这4种颜色。

有了数字的加入让读者能够更为清楚明了地了解到手表的颜色种类为4种，根据阿拉伯数字的引导，版式有了视觉的流程感。

最后我们选择了这样的

↳ 箭头的引导性

箭头的指引让人们在阅读时有了明确的顺序，使人们能直观明了地看到手表的颜色个数，并通过引导使人们对这4种颜色进行相应了解。

↳ 箭头的装饰性

除了引导性以外，箭头起到了对版式的装饰作用，它将4种颜色说明很好地联系在了一起，让版式显得更为饱满。

指引我们看向广告词

相对于上图第一种方式而言，第二种方式通过加入阿拉伯数字更加明确了版式的视觉流程。除此之外，我们还可以利用箭头对版面内容进行进一步引导，如右图所示。

在该手表广告版式中，我们可以看到有效的视觉引导元素的加入，如阿拉伯数字、箭头等，不仅让版式的表现形式更为丰富，版式显得更加饱满，同时也给了读者一种很好的阅读引导，视觉流程的安排能让版式的阅读更加顺畅。

⚠ 小心设计陷阱

宣传海报中引导线的巧妙运用

易错陷阱分析：

1.版式的视觉引导过于死板

版式巧妙地运用了飞行轨迹作为引导，以此来适当地安排版式的视觉流程，但是过于横平竖直的引导线会使得版式过于死板，如上图所示，在本来就较为简单的版式中，使用这样的引导线会使版式失去特色。

2.版式的视觉引导不能突出主题

除了让版式没有特色以外，横平竖直的引导线也不能很好地表明版式实现梦想、积极向上的主题，显得较为平淡与稳定。

此时，旋转角度会使得版式中的元素都有一种向上的感觉，不仅让版式有了向上的指引，符合版式主题，同时也让版式有了形式感。

第 3 章

把握灵感助你进入设计天地

学会拥有
创造思维

1

学会抓住灵感
的"三"原则

2

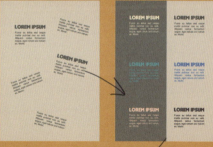

3.1 谁说你没有创造性思维

或许很多人都觉得自己没有创造性思维,在进行设计的过程中,很多时候都止于想法与思维的局限,但你果真没有创造思维吗?

其实创造思维没那么复杂与高深,它可以来自于身边,来自于小事,只是你发现它并记录它了吗? 本节便主要从两点出发来探讨创造思维的养成。

3.1.1 你也会做白日梦

一起来思考下面的问题:

你会坐公交车吗?

你有遇到等车或堵车的情况吗?

你还遇到过约会时等待同伴的情况吗?

你会散步吗?

你也肯定会吃饭。

你也会上厕所。

其实这些时间就是你无所事事,
用来发呆,
也是做"白日梦"的时间。

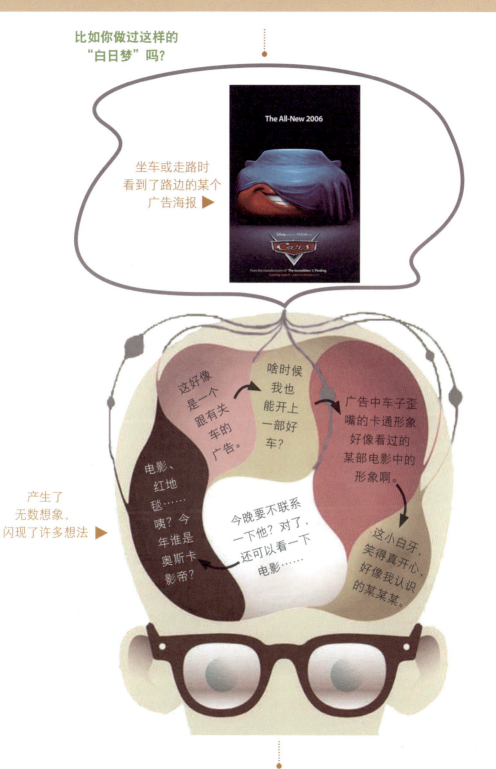

发现了吗?
其实在不经意间你便会做"白日梦"。

发现了吗?
"白日梦"的过程其实有规律可循,
总是循序渐进的。

这就是一个
从有到无、从无到有
的联想过程,
也是思维形成的过程,
我们人人都会有
思维与联想。

其实创造性思维
便是这样形成的,
在创作没有思路时,
做做"白日梦",
灵感说不定就会突然闪现。

▲ 比如:提到麦当劳我们便会做与食物相关的"白日梦"

如前文所述,人人都会做"白日梦",创造性思维也会在其中萌芽、生长。因此在进行创作时,不必再为没有想法而感到苦恼,只需要做做"白日梦",就像平时胡思乱想一般——选中某个对象后,便根据该对象一步步进行联想与思维的发散,慢慢就能在其中发现许多事物之间有趣的联系。总结这些联系,并将它们运用到具体的创作之中,这既是创作想法的形成过程,也是创造性思维的形成方法之一。这样的方法能够开阔思路、灵活大脑。

下面来看看,根据"苹果"这一个事物,看看能引发多少思维的联想与创造性思维,并尝试着完成问号部分的联想信息。

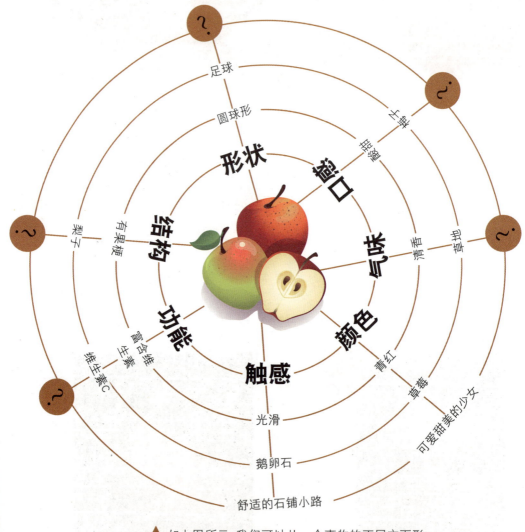

▲ 如上图所示,我们可以从一个事物的不同方面形成联想,从抽象的感觉到具体的事物,再从具体的事物到抽象的感觉……总之,联想没有边界,采用这种方法去锻炼与开拓你的创意思维吧!

3.1.2 你不会是一个人

你玩过下面这个游戏吗?

一只青蛙一张嘴,两只眼睛,四条腿。

两只青蛙两张嘴,四只眼睛,八条腿。

三只青蛙三张嘴,六只眼睛,十二条腿。

青蛙越多,嘴巴、眼睛和腿的数量便越多。同样的道理,在进行创作时,你其实也不是一个人,将身边的朋友聚集起来,一个人一个头脑,两个人两个头脑,三个人三个头脑,你总会从中获取更多的创造性思维的!

同样是铅笔,但不同的人可能就会有不同的绘制与表现方法,如下图所示。而正因为这样的不同与碰撞,才会产生出丰富多彩的思维与想法,也正因如此,当你发现一个人的头脑不够用,联想不能继续时,何不寻找小伙伴,一起来进行头脑风暴呢?

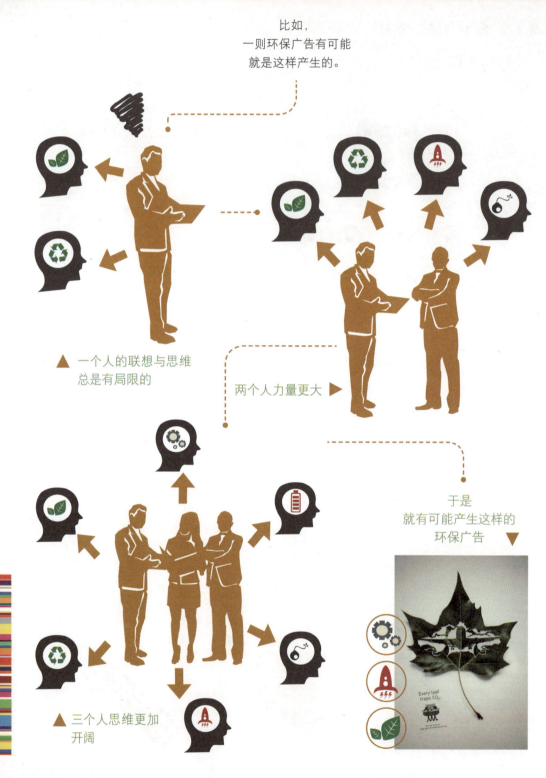

除了做做"白日梦",你也可以提醒自己,你并不是一个人,在人与人交流与讨论的头脑风暴中,思路不断开阔,创造性思维便会逐步形成。

可以说头脑风暴不仅是完成设计任务的一个过程,也是形成与培养创造性思维的另一种方法。下面的步骤图既是头脑风暴的过程,也是设计形成的过程,它告诉我们:①可以在进行头脑风暴后,获取设计的思路。②在与人交流与讨论的过程中和头脑风暴中获取更多的灵感与新点子,从而能够开阔思路,让思维更富创造性。

01. 选择关键对象

接到设计任务后,选择与任务相关的关键对象(在平时也可以任意选择一件物体,进行思维的锻炼)。

02. 开放思维 进行讨论

叫上小伙伴,围绕该对象,寻找与之有联系的词汇、事物等,并记录下来。

03. 继续讨论 进行筛选

根据设计要求,对讨论结果进行筛选,保留最能代表关键对象且更加容易实现想法的词汇或事物。

04. 制作

最后,根据讨论后的结果,进行相应的设计与制作。

3.2 抓住灵感的"三"原则

通过上一节的描述我们可以知道，创造性思维过程并不复杂，人人都可以拥有创造性思维，在设计创作中，这种思维也是获取灵感与想法的途径。

同样的道理，掌握与抓住灵感的"三"原则，也是更好地进行创造性思维的必经之路，创造与灵感之间相辅相成，本节便主要从抓住灵感的角度出发，使读者通过了解，使设计创作更加得心应手。

3.2.1 你有三只眼睛吗？

观察下面两张图片，你看到了什么？

你肯定看到了
亭子、人、远山，
但是你看到画里面
亭子中不合逻辑的矛盾空间了吗？
你还看到画面下方
小人手中拿着的方形框架
也存在矛盾空间吗？

你肯定看到了一双手，
但是你看到两个侧面头像了吗？
你能看出这是一组轴对称图形吗？

有人或许会觉得奇怪,在设计时,为什么他有想法,而我却没有？你考虑过这或许是因为你少了一只眼睛的关系吗？这是一只无形的眼睛,却是一只观察与发现,也是抓住灵感的眼睛。

拥有"三只眼睛"的人

这就是一幅画

↓

不能从中获取任何有用的信息与灵感

普通人

在画中还看到了矛盾空间

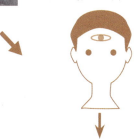

从中获取灵感与启发：
原来空间还可以这样被扭曲

3.2.2 你有三只手吗?

在学习或生活中,你遇到过下面的情况吗?

Q 1.灵感一闪而过,后来就再也想不起来了。

Q 2.学习时,当时学会了,后来却忘记了。

Q 3.凭借记忆想当然地去做一些事情,怎么也做不好。

Q 4.学习时,做了笔记,却不愿意去看。

Q 5.看笔记,按照笔记操作却怎么也做不出来。

Q 6.做出来了,却怎么也做不像。

可能对于你来说,会遇到上面的问题,但对于有些人来说,上面的情况却不会发生,你有没有想过,这是因为别人比你"多长了一只手"。尝试着让自己也拥有三只手,那么上面的问题便会迎刃而解了。

拥有"三只手"

有人总是在抱怨没有灵感,无法创作,那么当灵感来临时,你记录它了吗?没有积累,不伸出你勤劳的手去记录灵感,灵感只会像柳絮一般飘散而去,这也印证了一句俗话:"好记性不如烂笔头。"

而只有笔头可以记录灵感吗?其实你还可以拥有"第三只手":相机、手机、录音笔、平板电脑……开动大脑,那一切随身携带的、可以用来记录的东西其实都可以成为你的"第三只手"。

让"三只手"更加灵活

你更愿意选择阅读下面哪种记录方式?

相信大多数人会选择第三种记录方式,图形化与文字的结合,能使阅读更为轻松,且趣味性的表达方式,更能加强人们对于记录的印象与记忆。

其次便是选择第一种记录方式,在整齐的记录中,能让自己或是别人明白所记录的内容,整齐的版面不会让人们产生阅读误区,更加便于阅读与浏览。

第二种记录方式较为随意与随性,杂乱无章会出现做了记录连自己也看不懂的情况,这也是为什么做了记录或笔记不愿意去看,看了也不能依照着做出来,做出来了却怎么也不像的原因。

1 没有"三只手"的人：只记录不整理

没有"三只手"的人，或许不会去记录，即使记录，其方式也会显得单一且凌乱，这样的记录只会导致看不懂或不愿意看的情况出现，不具备任何功能与意义。

2 有"三只手"的人：记录后会整理

拥有"三只手"的人会记录，并在记录后，进行相应的整理，使自己或别人看明白所记录的内容，并及时地从中获取有用的信息，以便活跃思维或找寻灵感。

3 将"三只手"更灵活运用的人：会整理并整理得更好看

拥有了"三只手"的人，还可以更加灵活地将它运用起来：在整理记录的基础上，使用图文结合、分类归纳等方式，让枯燥的记录变得更有趣生动，并以此锻炼设计组合能力。

有了"三只手",并灵活运用"三只手",能使记录变得更加有趣,如可以将拍摄的照片配以文字等方式,能使记录更加轻松,也可以使记忆变得深刻。同时,人们在浏览这些有趣的记录时,能获取更多的信息与灵感,不是吗?

同样的道理,试想下,如果你拥有三张嘴,获取灵感是不是又变得更加容易,获取灵感的方式是否变得更多了呢?

3.2.3 你有三张嘴吗?

你遇到过下面这种情况吗?

通过上面的对话,会不会产生这样的疑问:

为什么某些信息别人知道,我却不知道?
别人能得到一手资料,我却不能?
别人能挖掘更多的信息量,我却做不到?

你考虑过这是三张嘴的作用吗?

这是因为别人总比你多两张嘴的关系。

俗话说:"路在嘴下。"可以说提问是最直接也是最迅速的获取信息的方式,在迷路的时候,何不问问熟悉周边情况的路人？不是更能获得准确、有效的信息吗？

拥有"三张嘴"的人便喜欢提问,提问的过程是交流的过程,也是思考的过程,在这一过程中,不仅能收集各种信息,灵感也会从中闪现。

如右边的图表所示,问题少的人,获得的信息较少,其知识圈便很狭小。相比之下,越愿意提问、问题越多的人,越能获取更多的信息与知识圈——这也是普通人与拥有"三张嘴"的人的区别。

 代表知识圈　　　○ 是否愿意提问　　　● 代表不同信息

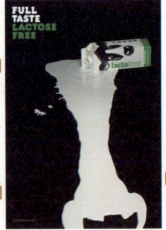

可能会问设计师,
广告画面里,
使用的颜色及
名称、色值,
以及为什么要使用这些颜色。

 没有"三张嘴"的人

可能还会问设计师,
广告中
使用的配色方法是
什么、有何意义,
以及构图方法与意义又是什么。

 有"三张嘴"的人

能从中获取与该广告相关的
创造性思维，
却不能获得灵感与启发，
不能进行独立创作。 ← 能获取颜色名称、
颜色色值信息，
以及在该广告中使用这些颜色
搭配的原因信息。 ← 没有"三张嘴"的人

从中获取创作
方法思路与灵感，
从而能进行独立创作。 ← 还能获取
配色与构图的方法信息，了解该配色与构图法的意义。 ＋ 能获取颜色名称、
颜色色值信息，
以及在该广告中使用这些
颜色搭配的原因信息。 ← 有"三张嘴"的人

> 从上面的分析可以得知，有"三张嘴"的人，能通过更多的提问，得到更加有效与深入的交流，从而获取更多的信息、知识与思维，创作灵感也因此而获得。
> 因此，"打破沙锅问到底"并不是什么坏事，多思考、多交流，让你的"三张嘴"发挥功效，灵感自然而然便会降临。

3.2.4 你有三个脑袋吗？

联系前文内容，看到本节的标题时你会想到什么？

想法一：
本节还是讲解获取灵感的方法，
"三个脑袋"就是指要多思考。

想法二：
本节会讲解获取灵感的方法
↓
三头六臂
↓
哪吒

> 上面两种想法都是对的，但是通过对比，你会发现第二种想法更加发散，其实这也是"三个脑袋"思考问题的表现。

和拥有三只眼睛、三只手、三张嘴一样，拥有三个脑袋，能使你多留心、多思考所遇到的事情、所看到的事物或所接触的人……拥有三个脑子就会比别人想得更多，思考得更多，留心得更多，在积累素材与信息的过程中，获得灵感与创造性思维。

在想法与灵感闪现时，如果将它们比作一个细胞，那么对于不同的人来说它们可能会拥有不同的命运。

没有三个脑袋的人：
会放过闪现的灵感，放任不管，因此该灵感变成了死细胞，不能产生新灵感。

有三个脑袋的人：
会从闪现的灵感中，去思考、去找寻其与设计或创作等的联系，在这个过程中，灵感也被激活，称为活细胞，进而分裂成更多的想法与灵感。

如果将设计创作比作起跑线，
那么可以说灵感就是助你赢在起跑线上的因素之一。
比别人多拥有一样东西，
你便会获得更多的灵感，
灵感越多，离终点便会越近，
在创作与设计的后期也会更加轻松，
路途也会更加短暂，
这就是所谓的设计"捷径"，不是吗？

▲ 抓住灵感的"三"原则，"三"其实就是代表"多"的意思，多看、多记、多问、多思考，拥有"眼观六路、耳听八方"的能力，你还怕灵感逃出你的手掌心吗？通过不断地积累，也会从量变飞跃为质变，你还害怕设计中没有思路吗？

除此之外，你还想到了什么其他获取灵感的"三"原则？统统将它们用起来吧！

第4章

让文字在版式中发挥功效

1 学会给版式挑选字体

2 学会调节字号与字距

3 学会搭配文字的颜色

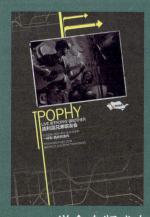

4 学会在版式中运用与选择文字变形

4.1 挑选字体的小技巧

通常我们通过阅读文字来获取版式中的相关信息,可是你知道吗?文字不仅可以用来阅读,也可以用来欣赏。

不同的文字拥有不同的造型与姿态,而认识这些文字的姿态有什么重要性呢?它们和版式之间又有怎样的关系呢?带着这些疑问我们开始学习本节的内容。

4.1.1 感受字体的情感与性格

观察下面两张图片,你发现了什么?

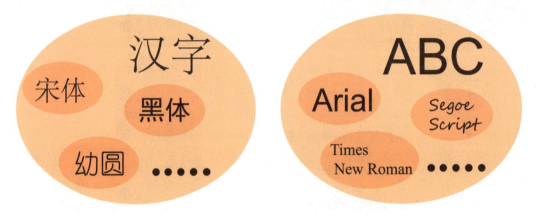

我们都知道,由于地区、国家与民族不同,人们用以交流的文字符号也不尽相同,其中包含汉字、日文、英文等,其中我们常用与较为常见的文字符号便是如上图所示的汉字字体与拉丁文字体,我们将其称为常见文字的两大类型。

俗话说:"一千个人眼中有一千个哈姆雷特。"同样的道理,一千个人笔下也有一千种书写形式,这也形成了同一种文字的不同造型,也就是我们所说的字体。如上图所示,汉字的字体有宋体、黑体、幼圆等,而拉丁文的字体有Arial、Times New Roman等。

通过上面两幅图片,可以发现,不同地区或人种等有着不同的语言,这说明了语言拥有不同的类型。而人们也可以通过语言进行沟通与交流,这说明了语言具有表意功能。

用来承载语言的文字也是如此,同样具有不同的类型,但不论哪种类型的文字,都具备表意功能,而由于文字可书写的特性,其独特的造型、形态也具有很好的可观赏性,这也是促使我们学习与了解字体的原因所在。

从结构出发

了解字体可以先从文字的结构出发,同一种文字类型的字体有千千万,但其结构是不会发生本质变化的,了解文字类型的结构,能让我们从总体上把握对该文字类型的感受。下面来看一看常见的两类文字。

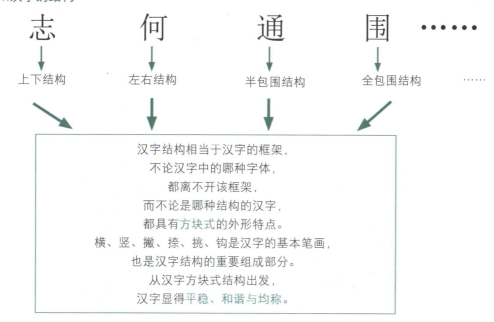

1.汉字的结构

志 —— 上下结构
何 —— 左右结构
通 —— 半包围结构
围 —— 全包围结构
……

汉字结构相当于汉字的框架,
不论汉字中的哪种字体,
都离不开该框架,
而不论是哪种结构的汉字,
都具有方块式的外形特点。
横、竖、撇、捺、挑、钩是汉字的基本笔画,
也是汉字结构的重要组成部分。
从汉字方块式结构出发,
汉字显得平稳、和谐与均称。

2.拉丁文字的结构

ABCDEFGHI
JKLMNOPQR
STUVWXYZ

abcdefghijkl
mnopqrstuvw
xyz

拉丁字母属于几何形结构,
笔画包括方、圆、三角3种形状,
简洁、连贯是拉丁字母的特点,
因此拉丁文字也具有简单的结构特点,
显得简洁、流畅与灵动。
拉丁字母的造型结构准确,
使之整体给人留下了
庄重与优雅的印象。

字体的类型

1.汉字的字体

虽然汉字的结构是固定不变的,其方块字的特点也给人留下了平稳与均匀的总体印象,而汉字也拥有种类繁多的字体类型,在其结构平稳的大体印象之上,其造型微妙的变化,也会给人带来更为丰富的情感体验。

通过观察,体会一下下面两种汉字字体类型所带来的感受。

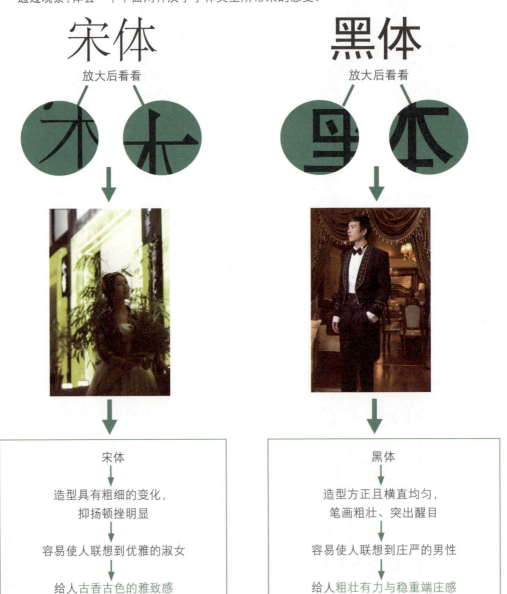

采用同样的方法，体会一下"幼圆"字体造型能带来的感受。

幼圆 → 分析字体造型 → 联想到了什么具体事物 → 体会字体带来的感受

对于汉字字体而言，除了宋体、黑体与幼圆这3种字体外，还包括楷体、隶书、行书等一系列字体，不同的字体都会有细微的造型差别，也因此会给人带来不同的情感体验，但都可以通过上述方法，去分析与感受这些字体从造型上所传达的不同情绪。

2.拉丁文的字体

通常情况下，根据拉丁文造型结构的差别，可以将拉丁文分为无衬线字体与有衬线字体，在拉丁文给人带来简洁与流畅的整体印象的同时，无衬线字体与有衬线字体也丰富了这样的印象，其中最为经典的无衬线字体为Arial字体，而最为经典的有衬线字体为Times New Roman字体。

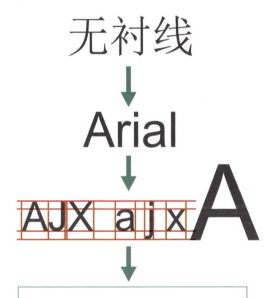

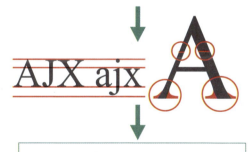

无衬线字体与汉字中的黑体造型相似，笔画平均有力且没有任何装饰性，显得简单与轻快

容易使人联想到
休闲却不失大气的男性

给人简洁、轻松与经典之感

有衬线字体与汉字中的宋体造型相似，横竖有着粗细变化，且装饰性强

容易使人联想到
活泼却不失优雅的女性

给人正统中不失变化之感

对于拉丁文字体而言，除了无衬线与有衬线之分以外，还包括变形字体与手写字体等类型。

变形字体

概念

变形字体是各种变形却不变体的字体的统称，通过装饰、美化、加工等方式，使得字体形象产生更多变化。

举例

Arial（Arial字体的倾斜）

Times New Roman

（Times New Roman字体的加粗）

印象

在原结构上加入更多变化后，变形字体在原字体的基础上变得更具装饰性，这类字体容易给人留下讲究与变幻的总体印象。

手写字体

概念

具有手写风格的字体，被统称为手写字体。手写字体的种类也很多，样式多变，但都具有很强的装饰效果。

举例

Rage Italic（Rage Italic字体）

Segoe Script

（Segoe Script字体）

印象

手写风格的字体，有很强的个性化特点，富有个人色彩，同时也容易给人留下自然、流畅、自由与灵活的总体印象。

变形字体与手写字体中也存在各种各样的字体种类，而不同的字体种类，在总印象的基础之上，也会因字体造型的个体差异而带来不同印象与情感体验，但总的来说，通过对字体造型的分析、观察与联想，都能捕捉不同字体所带来的情感。

字体的性格

不同的字体能带来不同的印象与情感体验，那么什么又是字体的性格呢？其实字体的性格与情感是相辅相成的，字体的造型决定了字体所带来的情感的同时，也决定了字体的性格。可以说，不同的字体造型会使字体拥有不同的性格，而字体的不同性格也会给人带来不同的情感体验。比如，黑体→造型：笔画均称、粗壮→性格：大气稳健→带来的情感体验：稳重端庄。

采用同样的方法，感受与总结一下不同字体的性格，尝试着将它们记录在本子上，作为日后使用字体的参考。

设计手札

为什么要捕捉与了解字体的情感与性格呢？这是为了在不同的版式中更好地运用不同的字体。下面我们通过具体案例来认识一下了解字体情感与性格的重要性。

在版式中对图片与图形等进行了相应的设计与摆放，如左图所示，但没有文字的添加，你能知道与确定该版式的用途吗？

答案是否定的，因此需要给版式添加文字，增强版式的说明性，然而选择什么样的字体呢？

是这样的？　　　这样的？　　　还是这样的？

最后我们选择了这样的

字体选择

版式中的中文字体选择了"方正喵呜体"。该字体的造型富有不规则的变化，拥有可爱的性格，给人带来顽皮与活泼的情感体验。

英文字体选择了Papyrus与**Arial Rounded MT Bold**，Papyrus字体与"方正喵呜体"一样有着不规则的变化造型，显得活泼，而Arial Rounded MT Bold字体圆滑的造型也显得较为可爱。

该案例为个性婚纱影集的内页，是以结婚为主题的版式，通常会突出甜蜜与幸福感，同时也不失新婚夫妇俏皮与可爱的感觉。因此选择一些能带来可爱与活泼感受的字体装饰，最能突出该版式的氛围，这也体现了了解字体情感与性格的重要性。

4.1.2 选择与图形相辅相成的字体

通过观察下面4幅设计作品,尝试寻找图形与字体之间的关系。

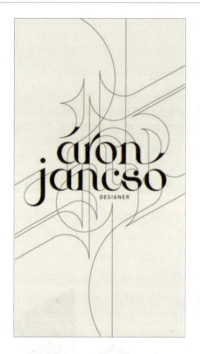
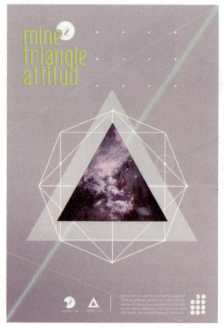

字体的图形化

如前文所述,文字既有表意性,也具备造型的欣赏性,根据不同字体间细微的造型差异,字体也拥有不同的性格与情感。根据这些性格与情感,结合版式的整体风格,可以给版式挑选合适的字体。除此之外,字体的造型也可以被图形化,如下图所示。

汉字中的"幼圆"字体,由于其具备汉字方块字的基本特点,因此该字体很容易使人与方形联系在一起,但"幼圆"字体在方形的基础上,又有着圆角的变化,因此也容易使人联想到圆角方形,也正因如此"幼圆"字体也有了较为圆润的造型,也能让人使之与圆形相联系。

拉丁文中的Gigi字体,具有较强装饰感的旋转式螺旋造型,容易使人与涟漪、螺旋纹等图形联系在一起,这样的造型,也使得该字体给人带来了较为可爱与甜美的感受,容易使人联想到花朵等一系列美好的事物与图形。

采用联想的方法,尝试感受一下以下字体能图形化成什么形状。

黑体 方正喵呜体 TRAJAN PRO 3

根据字体造型,除了可以感受字体的情感与性格外,还可以对字体进行更为丰富的联想,将字体与图形联系在一起。在一些以使用图形为主的版式中,这样的联想也能成为选择版式字体的新方法,可以说,图形化的字体也能成为观察字体或为版式选择字体的另一种方法与思路。

版式中字体与图形的搭配

1 版式的背景中应用了流线型线条图形,结合与搭配同样具有流线造型的文字字体,让版式在统一中更具灵动气息。

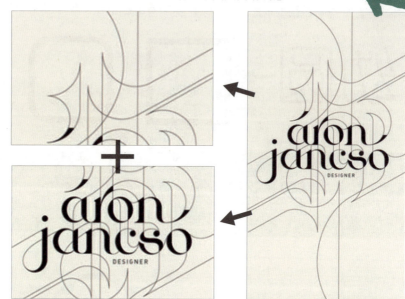

▶ 流线型图形

▶ 有流线造型的文字字体

版式主体应用的图形组合,给人一种向上的动感,而方框等线条构成的图形又带来了独特与细致感,因此版式中的文字与之呼应,也选择了较细且造型具有向上感的字体。

2

◀ 三角形、方框与圆形等图形的组合

◀ 具有向上感且笔画较细的文字字体

版式的背景中添加了可爱且圆滚滚的动物图形,版式中的文字也使用了显得有趣与圆滑的字体,图形与文字字体更统一。

◀ 可爱、活泼又夸张、圆润的动物图形

◀ 圆滑、夸张有趣的文字字体

版式中使用带有细描边的六边形框住文字,配合描边文字,字体也选择了细体;而添加了装饰的加粗字体又与三角组合图形的装饰感相呼应;无衬线字体则迎合了图形组合带来的方正与秩序感。

三角形组合与增添了描边的六边形图形 ▶

▲ 细体文字字体

▲ 粗体有衬线文字字体

▲ 无衬线文字字体

设计手札

上面4个案例中,都是结合版式中的图形造型,来选择对应的文字字体的,当不知道给版式搭配什么样的文字字体时,这是一种选择字体的方法。同时这样的搭配也能给版式带来形式的统一感,避免了繁乱的视觉体验,也增强了版式中各元素的联系性。下面尝试着给下面的版式选择合适的字体,从而体会图形与文字相辅相成的重要性。

要给如左图所示的版式选择标题性文字字体时:

是选择较粗的字体?   还是圆滑的字体?

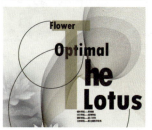 

最后我们选择了这样的

⬇ 版式中的图形

版式中采用了大量具有灵动感的细线组成图形,增添了版式的形式与动态感。

⬇ 字体选择

搭配版式中所使用的灵动与瘦细的图形,版式中的英文字体也选择了造型纤细且较为圆滑的字体。

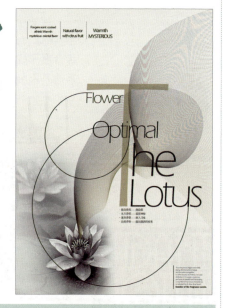

该案例为一则香水广告海报,使用灵动的图形具象化了从花中溢出的香气,也暗示了香水如花香般雅致、清新的芳香感。在选择标题性文字时,配合版式中细腻、飘动与荡漾的图形,选择瘦弱与圆润的字体,更加突出了香水广告香气扑鼻的体验。

4.1.3 利用对比布局选择字体

观察下面的图片,你能体会到字体选择与布局的关系吗?

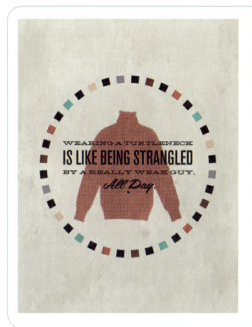

文字的布局

以文字与文字之间不同的摆放位置为依据,也可以成为选择字体的一种手段与方法。首先先来看看什么是文字的布局。

通常在版式中出现的文字都不会只以一个文字字符的形式出现,通常会出现多个文字或多段文字,那么这些文字间就会存在一种组合关系,我们将这种组合关系称为文字的布局,如下图所示。

单个文字不存在组合关系与布局

多段文字出现了上下布局关系

文字的布局种类

1.按组合结构划分

> 如果按照文字组合的结构来分类，文字的布局种类可以分为上下结构、左右结构、包围结构等多样又多变的组合分布形式。

自我介绍：
我是好学生
上下结构

自我介绍：我是好学生
左右结构

我叫潘晨，是陈屿小学三年级一班的学生。我**我是好学生**有一双大大的眼睛，眼睛上的眼睫毛特别长，嘴巴很小，一笑起来，就露出黑洞洞。
包围结构

自我介绍：
我是好学生

我是好学生
I am a good student

2.按文字类型的组合划分

> 还可以按照两大常用的文字类型对文字的布局进行分类：汉字与汉字的布局、汉字与拉丁文的布局、拉丁文与拉丁文的布局。

Interview:
I am a good student

字体的对比形式

1.字体的对比效果

在对文字进行布局安排的技巧中，创建对比手法最为常见，它能在最短的时间内产生最佳视觉效果。因为通过大小对比、多少对比、粗细对比等一系列对比形式，能使元素更加引人注意。

自我介绍　我是好学生

↕ 对比

自我介绍　**我是好学生**

> "自我介绍"与"我是好学生"两段文字的字体大小、粗细一致时，视觉表现力较为平淡。相比之下，缩小"自我介绍"文字的字体，加粗"我是好学生"文字字体后，字体间产生了轻重缓急的对比效果，更容易引起人们的注意。

2.字体间的对比形式

字体间的对比形式有很多,单从字体的造型与外观而言,有大小的对比、粗细的对比、正斜的对比、普通与花式字体的对比等,对于罗马字体而言,还有衬线体与无衬线体的对比。

自我介绍:
I am a good student

普通与花式

自我介绍:
我是好学生

自我介绍:
我是好学生

大小　粗细
正斜　衬线

Interview:
I am a good student

Interview:
I am a good student

文字布局字体对比与字体选择的联系

❶

可以说文字的布局影响了字体的选择,而调整字体的对比关系又会影响文字布局信息的基调,从而又与字体的选择发生关联。下面通过两个案例来做具体讲解。

1. 布局对比与字体的表象分析

选择了较为扁、宽的字体分布在主要文字的上下方,该部分文字字体较小。

主要文字位于中央,且字体较大。

较为主要的文字位于字体组合下方,大小适中,造型具有变化与装饰感。

2. 布局对比与字体的原因分析

| 大号字体与小号字体的对比 |
| 扁平字体与长字体、圆润字体的对比 |
| 正与斜的对比 |

从对比出发选择字体

可以通过大与小、扁与平、正与斜等对比变化去选择不同的字体，以使版式更具节奏变化感，且能突出重点。

从布局出发选择字体

IS LIKE BEING STRANGLED

| 扁平字体 |
| 细长字体 |
| 扁平字体 |
| 圆润字体 |

根据文字布局，将主要文字上下的文字选择为扁平造型的字体，使其类似于两条细线，具备了装饰效果。

从对比出发选择字体

该案例在选择了无衬线字体作为主要文字字体后，次要文字又该选择什么字体呢？此时可以从对比角度出发，选择无衬线字体作为搭配，增强版式的对比视觉感。

设计手札

总的来说,当不知道如何选择版式中的文字字体时,可以根据文字的布局,进行字体的选择。合理的字体结合文字布局,能使文字在表意的基础上,也具有图形化的装饰效果。同样的道理,在确定了某个字体后,需要给版式增添其他字体时,也可以选择与之对立的字体,来增强版式的对比效果与表现力。

要给如左图所示的版式添加更多的文字信息时,该选择怎样的文字字体?

是这样的字体和这样的布局?

最后我们选择了这样的

▶ 利用文字布局选择字体

通过细线的分割,决定了文字的左右布局空间,利用布局的对称感,给右边文字选择符合对称感的字体字形及字体大小。

▶ 利用对比选择字体

确定了主要文字字体为具有装饰效果的字形后,右边文字字体可选择较小的无衬线字体,使字体间形成较强对比,加强版式效果。

在本案例确定了版式中主要文字字体后,如何选择与之搭配的其他文字字体?此时便可以采用文字布局与对比的方法。根据对称布局选择字体,让文字图形化,形成更加明显的对称感,或是选择能形成较强对比的字体,都能起到更加引人注目、美化版式的效果。

⚠ 小心设计陷阱

简历版式中字体的搭配与选择

易错陷阱分析：

1.字体选择不当

幼圆字体给人圆滑可爱的印象，不太适用于较为正式的简历版面；正文标题使用有衬线宋体字体，其装饰性使标题缺乏严肃感。

2.对比搭配也需要结合版式风格

横平竖直的黑体字体就该搭配有衬线拉丁文字体形成对比吗？这种方法是可行的，但也需要考虑到版式整体的风格。如该版式中，为表现求职的严肃与庄重感，其版式整体风格较为简单，因此不适合选择过于夸张的装饰性字体。

3.字体情感把握不当

结合版式中的圆形元素可以选择圆润的字体，需要注意，表达信心等较为严肃的文字时，需要避开圆润字体的使用。

4.2 字号搭配有条不紊

文字不仅具备字体的属性,也具备大小的属性,我们称其为"字号",给版式挑选了合适的字体,若没有合理安排字号,同样会使版式出现失去主次、缺乏亮点等问题。

本节将在了解了字体的基础上,继续带领大家认识字号的选择与搭配能给版式带来怎样的变化及效果。

4.2.1 统一的字号使版面整洁干净

观察下面的图片,感受与思考字号对版式的影响。

统一的字号与分布的关系

在版式中,选择好适当的文字字体后,字号的选择也关系着版式中内容的表达,合理安排版式中各个部分文字的字号,使版式在区分不同部分的同时,又形成相对统一与协调的效应。

如上图所示的案例中，根据版式中所表达的内容不一致，给文字选择不同的字号。而同一字号的文字又表达着同一版块的版式内容，内容相近的版块内容即使分布较分散，字号的统一却依然能使它们联系在一起，也使读者明白版式所传达的信息。

统一的字号与字体的关系

统一的字号能将版式中有着相同表现内容，分布却相对分散的版块更具凝聚力。除此之外，即使字体不相同，统一的字号同样也能增强版式的整体感。

在左图的案例中，正文段落使用了幼圆与宋体两种字体，其目的是为了区分正文的不同部分。然而它们却同属于正文部分，因此，此时虽然字体不同，却利用字体字号的统一，加强正文的整体感，使正文在区别中又不会显得脱节。

4.2.2 大小不一的字号让版面生动活泼

观察下面3组图形,你觉得哪个看起来更具变化与形式感?

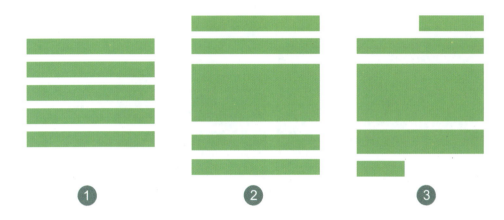

相信大多数人都会选择第三组图形。同样是5个绿色矩形,但是改变矩形的长短与高宽比例,将这些矩形进行组合,能使组合具有更为丰富的变化,使之看起来更加灵活与生动。同样的方法也可以运用在版式设计中文字字号的调整上。

当版式中文字的布局较为分散,没有相对集中与必然联系时,又或是版式中同一版块的文字字体相对较多时,运用统一的字号能增强版式的整体感。这种方法也并非绝对的,当版式中只使用了一种字体时,不同的字体大小反而能使版式更加生动与活泼,如右图所示。

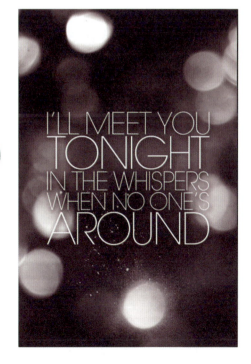

右图案例中的文字使用了相同的字体,然而版式却不会因此显得单调,这是因为改变了文字字号的大小。

通过改变字号的大小,文字间在统一中又有了对比与变化,文字的大小在转变中,构成了一定的形式感,丰富了版式的组合层次感。

经过上面的描述,可以思考一下,在版式中,什么时候需要统一字号,什么时候不需要统一字号。

案例中的文字既有统一的字号,也有不统一的字号。然而,字号的使用并非毫无依据,如上图所示,案例中分别使用了两种字号,以区分介绍性文字与标题性文字。其中,介绍部分的文字与标题性文字分别统一在了同样的字号中。

通过对上文的分析可以得到以下结论:在版式中文字的字体等相对统一的情况下,可以通过字号的调节,增添版式的层次与形式感,使版式更具主次感与表现力,然而却需要注意字号搭配的和谐性。

如当需要区别版式中不同的模块时,可以使用不同字号的文字,在同一模块中又可以使用相同的字号形成统一感,这样的字号运用与搭配,能使版式达到变中有稳、静中带动的效果。

文字字号、磅值、长度参考表

下表可以有效地帮助我们了解文字比例,从而更好地进行文字字号的选择与搭配。

字号	磅值	长度(毫米)	字号	磅值	长度(毫米)	字号	磅值	长度(毫米)
初号	42	14.82	小二	18	6.35	五号	10.5	3.70
小号	36	12.70	三号	16	5.64	小五	9	3.18
一号	26	9.17	小三	15	5.29	六号	7.5	2.65
小一	24	8.47	四号	14	4.94	小六	6.5	2.29
二号	22	7.76	小四	12	4.32	七号	5.5	1.94

设计手札

通过上文的讲解,可以尝试着对该案例中的文字大小进行选择与搭配。

当给版式选择好文字的字体与颜色时,根据版式重点与文字内容的不同:

是选择这样的字号?   还是选择这样的字号?

 最后我们选择了这样的

字号的选择

为了突出版式的作用,标题等重要文字便需要选择较大的字号,说明性文字的字号则相对较小,不同字号使版式主次分明。

字号的统一

说明性文字部分的字号相对统一,使版式在主次的变化中,又有着相对的统一感,如下左图所示。

该案例为"大学生户外踏青召集令"宣传海报的版式设计。其中,字号区别带来的对比,突出了版式的重点信息,使海报更具宣传效果。在同一版块中,相对统一的字号又使版式不会因字号过多而显得繁乱,也带来了阅读的流畅性,增强了观者的阅读兴趣,进一步完善了海报的宣传作用。

4.2.3 文字间距也能让版式更富有变化感

通过对比,思考一下下面3组文字因间距不同而带来的不同感受。

密		疏
我是好学生		我 是 好 学 生
I am a good student		I am a good student

文字间距的种类

通过上面3组文字可以看出,文字的间距有疏密之分,同时字与字之间存在间距,单词与单词之间存在间距,行与行之间也存在间距,我们将其分别称为字间距与行间距,如下图所示。

字间距

行间距

文字间距的形式与印象

不论是字间距还是行间距，都存在疏密之分，而随着现代科技的进步与发展，在对版式进行设计时，也可以随意对文字等元素进行间距的调整。在文字与文字的组合间，可以将间距分为3种形式：节奏间距、构成间距与版面间距。

对于文字的字间距与行间距而言，越大的间距，会使文字具有透气感，显得较为轻松，但过疏的间距则会影响文字的表意性。

过疏间距

过密间距

间距越小，随着文字之间的靠近，文字会显得更加流畅，表意的力度也会更加强烈，然而过密的间距也会使人们在阅读时，显得过于紧张，从而产生阅读压力，影响人们的阅读兴趣。

适合间距

1. 节奏间距

节奏间距是指利用字体与字体的排列间隔，以文字本身具有的含义进行组合时，由于排列形式的不同，会使版式体现一定的视觉节奏变换感。

如左图所示的案例，在对相同字体与尺寸的文字进行排版时，利用字体长短参差的组合及文字间距，增加了版面流畅的视觉节奏感。同理，大小不一、造型不同的字体，也能通过控制长短与间距，把握版式的整体节奏。

2.构成间距

在构成间距中,通常不过于强调文字的表意性功能,反而更加重视文字的符号化特征。

通过对文字符号的设计与组合,使版式更具形式感却又不缺乏协调感的形象,文字在这种情况下形成的间距称为构成间距。

如上图案例所示,字符间良好的间隔格局,不仅使字符在组合时显得井井有条,也使构成的新形象在变化的形式中具有秩序感。

3.版面间距

当文字的间距取决于版面的面积时,字体与字体之间产生的间距称为版面间距。

如左图案例所示,根据版面的面积及版面所需,设置好文字间距,使主要文字及文字的主要部分能够呈现在版面内。

设计手札

总的来说,间距的调整能形成文字不同的组合效果与造型,使版式更富有变化感。需要注意的是,文字间距的设置,不仅要使文字具备整体感,同时也要使文字具有平均与轻松感。对此,可以结合版式内容或形式,去把握文字的间距,使文字呈现出不同且又符合版式特点的视觉效果。下面通过案例的制作来了解一下文字间距的魅力。

给如左图所示的版式添加文字信息并设置文字间距时:

是选择这样的?

还是这样的?

最后我们选择了这样的

▶ 结合版式调节间距

版式中标题性文字的间距可以相对较松,以此凸显版式活泼轻松的风格。次要文字的间距则可以较密,形成对比,使版式更富有变化。

▶ 结合字体调节间距

根据拉丁文拼写的特点,其组成的单词容易具有较长的造型,因此拉丁文字体间距可以适当收紧,以免过长影响版式的节奏感。

该案例为儿童卡片的版式设计,在搭配了适当的文字字体与字号后,适当地调节文字间距能使文字更加符合版式风格,也能使文字组合形成参差的节奏感。相对于过于密集、过于疏散或过于一致的文字间距,调节后的文字间距能使版式风格更加突出,同时也具有变化的形式感。

⚠ 小心设计陷阱

语言学校宣传单中文字的字号与间距

易错陷阱分析：

1.字符超出版式面积

版式中次要文字字号过大，超出了版式中设计好的弧线造型，破坏了版式的整洁感，且密集的间距也增添了阅读负担。

2.标题文字间距与字号设置不当

该版式中的标题文字有3个字符，通过调节字符的大小，能使标题文字更具变化感，但也要控制在一定的大小范围内，字号过大会使标题文字超出版式面积之外，过小又不能突出文字信息；间距过疏也会影响版式标题的表达。

3.间距不统一

同为正文部分的文字间距却不统一，这样的设置容易使读者从视觉上造成对版式形式内容的错误判断，影响阅读的秩序感。

4.3 文字颜色的选与搭

　　了解了版式中文字的字体、字号、间距的相关知识与选择方法后,文字的颜色作为文字的另一属性,也影响着版式中文字带来的视觉感受及文字的表意性。

　　如何选择与搭配版式中文字的颜色?这或许是设计时经常会面临的问题,其实文字颜色的选择并不复杂,本节主要围绕两种方法,对文字颜色的选择与搭配进行相应讲解。

4.3.1 你要的颜色就在版式里

观察下面版式中图片、图形与文字的颜色,你发现了什么规律?

 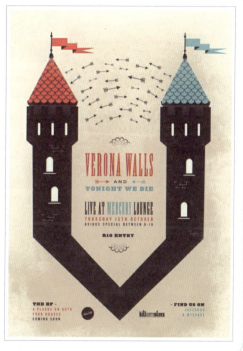

思考上图中,哪些地方出现了如右边色块中所示的色彩?

思考上图中,哪些地方出现了如右边色块中所示的色彩?

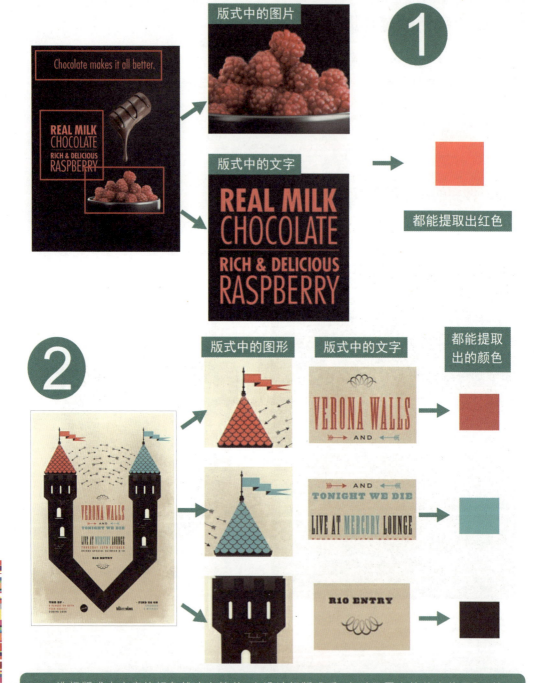

选择版式中文字的颜色就这么简单，在设计好版式后，有时只需在软件中使用"吸管工具"提取版式中元素的颜色作为文字颜色，不仅解决了字体颜色问题，还能使版式中元素的色彩统一，但需要注意文字颜色与背景颜色的对比关系，能突出文字即可。

4.3.2 突出版式的重点需要区别文字的颜色

观察下面4组颜色不同的文字组合，哪一组能更为明显且更加舒适地看到字符"我是好学生"。

① 我叫潘晨，是陈屿小学三年级一班的学生。一双大**我是好学生**大的眼睛，上的眼睫毛特别长，嘴巴很小，一笑起来，就露出黑洞洞。

② 我叫潘晨，是陈屿小学三年级一班的学生。一双大**我是好学生**大的眼睛，上的眼睫毛特别长，嘴巴很小，一笑起来，就露出黑洞洞。

③ 我叫潘晨，是陈屿小学三年级一班的学生。一双大**我是好学生**大的眼睛，上的眼睫毛特别长，嘴巴很小，一笑起来，就露出黑洞洞。

④ 我叫潘晨，是陈屿小学三年级一班的学生。一双大**我是好学生**大的眼睛，上的眼睫毛特别长，嘴巴很小，一笑起来，就露出黑洞洞。

相信大多数人会选择第二组组合，不论是从文字之间颜色的对比，还是文字颜色与背景颜色的对比，第二幅图都能更加明显地突出字符"我是好学生"，同时颜色对比不会过于强烈，视觉上也产生了更为舒适的观感。

从上面的4组例子可以看出，在版式中，会存在主要文字与次要文字，那么如何更好地突出主要文字？除了改变主要文字的字体或字号外，颜色的搭配也十分重要。我们可以从主要文字、次要文字，以及版式背景颜色之间的关系出发，来获取颜色搭配的方法。以上面4组例子的颜色搭配为例，如下文所示。

主要文字与次要文字的色彩关系。

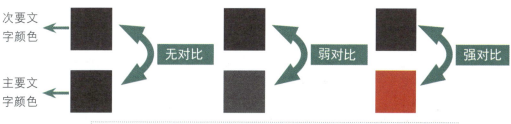

▲ 给主要文字与次要文字选择强对比色彩，更能突出主要文字。

主要文字与版式背景的色彩关系。

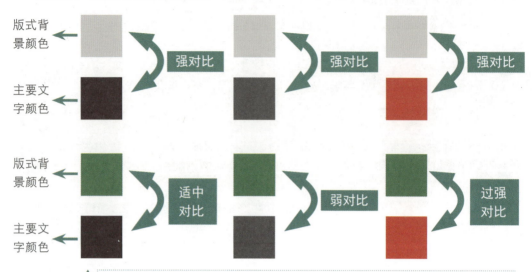

▲ 给主要文字与版式背景选择强对比色彩,也能使主要文字更加突出。需注意尽量避开互补色过强的颜色搭配,因为这样会带来视觉的不适,影响阅读。

次要文字与版式背景的色彩关系。

▲ 有时为了进一步突出主要文字,版式背景颜色与次要文字颜色的选用对比要适中,能看见次要文字的同时又不会抢了主要文字的风头,这需要建立在背景色彩与版式色彩协调的基础上。

版式中各元素的综合色彩关系。

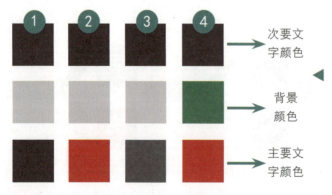

◀ 区别版式中文字的颜色,可以使版式中的主要文字更加突出,但也需要注意主要文字、次要文字与版式背景颜色的搭配选择。综上所述,可以看出第二组色彩搭配最为合适。

设计手机

通过上文的讲解，看看如何对右图中版式的文字进行颜色的选择与搭配。

当设计好版式中文字的布局、字体、字号后，过于统一的文字色彩，会使版式缺乏生机，在选择文字颜色搭配时：

是选择这样的颜色？　　还是选择这样的搭配？

最后我们选择了这样的

▶ 文字颜色的选择

版式中的图片包含蓝色与棕色，因此在给部分文字选择颜色时，可以选择与图片中相同或相似的颜色，以使版式色彩更加统一。

▶ 文字颜色的搭配

给版式中小标题等需要突出的文字搭配与正文不同且具有对比效果的色彩，在突出部分文字信息的同时，也使版式主次分明，更富有变化。

该案例为宣传本内页，在对景点进行介绍时，会有一些关于该景点的亮点信息与特色，除了调整该部分文字的字体与字号以示区别外，文字颜色的改变能使该部分文字更加突出，类似于"万绿丛中一点红"的视觉效果。可以根据版式中元素的色彩，选择相应的文字颜色。而在搭配时，也需要注意文字颜色之间，以及与版式背景颜色之间的对比与协调。

⚠ 小心设计陷阱

三折页中文字的颜色选择与搭配

易错陷阱分析：

1.文字颜色选择不当

版式中的其他元素中有黑色，因此大标题选择黑色看似与版式形成统一，却让文字与背景中的过渡灰色与右边的白色文字缺乏联系，显得唐突，此处使用白色更合适。

2.文字颜色过于统一

相同的颜色能使文字看起来更统一，却不能有效地突出文字的重点，必要时区分标题与正文文字颜色，不仅能更加直观且方便读者的阅读，也能美化版式。

有时在同一部分也可以穿插不同的文字颜色，如上右图所示。版式中的图形使用了玫红色，因此该部分文字也使用了玫红色，然而统一的颜色使该部分失去了特点，显得呆板。根据单词的不同穿插不同的色彩，更能引起读者的阅读兴趣。

4.4 文字造型的魅力

通过前文可以了解到,常用的文字类型有汉字与拉丁文两种,在使用这两种文字的同时,对它们进行适当的装饰与变形,能创造出更加新颖的文字形式与风格,进而使版式更丰富且具有表现力。

本节试图从两方面出发,使读者更进一步认识到文字的造型效果及其与版式之间的关系。

4.4.1 文字的变形让版式更具表现力

对比下面两幅图片,感受不同的文字与版式之间的关系。

对比之下,图2中的文字经过变形处理后,在版式中显得更加突出,同时经过拉伸变形后,文字与版式中倾斜分割的版块结合得更加紧密,让版式更具表现力。

通过上面的思考题,我们可以感受到文字变形给版式所带来的视觉效应。其中文字变形的方式与方法多种多样。

以共用笔画添加装饰的方法对文字进行变形 ▶

▲ 利用笔画形状对文字字体进行变形

▲ 借形法文字变形

▲ 打破方格法文字变形

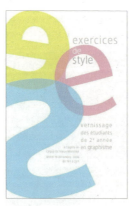

▲ 叠加法文字变形

文字变形的方法远远不止这几种，然而当将文字变形与版式相结合时，即使变形的方法再多，也不能忽视其与版式之间的关系。

就像挑选文字的字体、字号与颜色一样，在版式中，也需要结合版式内容等对文字进行变形。

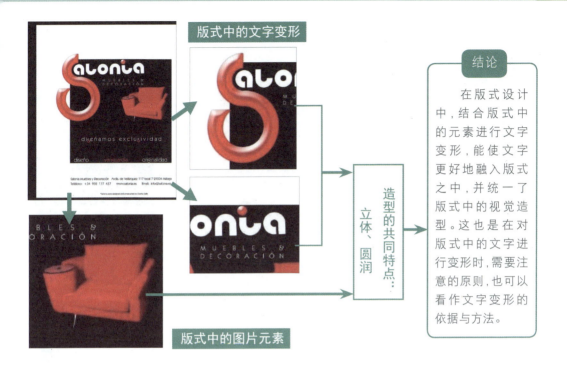

4.4.2 穿好文字的"花衣服"

通过对上一节的学习,除了可以结合版式中的元素等对文字进行造型变形外,也可以结合版式风格对文字进行变形,而变形后的文字也会形成与版式相搭配的造型风格,我们称其为文字的风格。

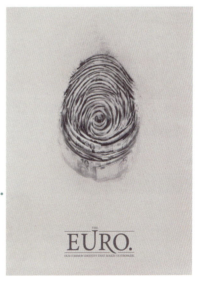

▲ 典雅、端庄的风格

▲ 新颖、奇特的风格

▼ 纹理材质化风格

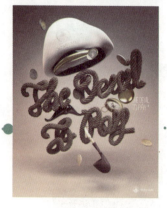

▲ 怀旧复古风格

▲ 坚固、立体的风格

▼ 浪漫、欢快的风格

俏皮卡通风格 ▶

苍劲古朴风格

版式整体风格轻松活泼

版式风格与文字变形风格相匹配，增强了版式的表现力。

文字变形圆润、飘逸，并穿插了爱心图形，具有浪漫欢快风

文字风格或许远远不止以上所列举的几种类型，但文字的风格就像是一件"花衣服"，给版式挑选与之搭配的文字的"花衣服"，在使版式更加漂亮、充满魅力的同时，也能使版式更具凝聚力与整体性，如左图所示。

设计手札

结合上文的讲解,看看应该如何对如右图所示的版式添加变形文字。

右图的版式中,有了相应的元素与一部分文字信息,但不完整,现在需要对文字进行补充,那么该如何选择补充的文字造型呢?

是选择这种文字变形? 还是选择这种?

 最后我们选择了这样的

↳ 结合版式中的元素对文字变形

版式中拥有滑稽可爱的幽灵造型,结合这一元素,文字变形也需要显得夸张与搞怪。同时文字的变形也可以结合版式中其他文字的排版与穿插,以使版面更加饱满。

↳ 结合版式风格对文字变形

版式的整体风格较为轻松、活泼,可以结合此风格,对文字进行变形处理。

该案例最后选择的文字变形更加符合版式的整体风格,如上图所示。文字夸张、生动的变形与版式中张着大嘴的幽灵相呼应;同时,利用文字的变形,使文字之间的穿插与组合更加紧密,也使版面更为完整与紧凑。总的来说,文字变形风格与版式风格相匹配,会让版式更具有说服力。

小心设计陷阱

歌友会宣传单中文字的变形

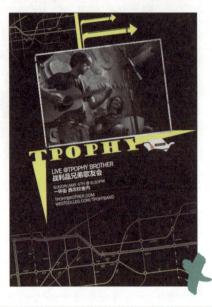
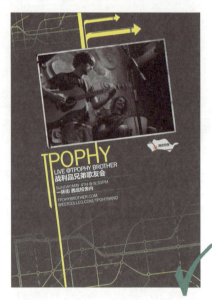

易错陷阱分析:

1. 文字变形与版式中的元素缺乏联系

左图中的文字虽然进行了变形,但该变形方式缺少了与版式中元素的联系,显得唐突。相比之下,右图中,拉长文字笔画的造型与版式中地图长线段的造型相联系,使变形文字能够更好地融入版式之中。

2. 文字变形与版式风格不匹配

该版式为歌友会宣传单,为凸显歌友会的时尚与大方,版式风格也采用了较酷与简单的风格。文字变形也应以此为基调,在简单中凸显歌友会的纯粹与真挚,而左图的文字变形显得装饰意味过重,与版式风格不符,影响了版式的视觉美观。

第 5 章

不容忽视的图形与图案

1　学会在版式中创造性地使用图形图案

2　学会选择能凸显版式主题特征的图形图案

3　学会给版式挑选合适的图形图案

4　学会把握图形图案的方向性

5.1 图形图案的创意体现

在版式设计中,图形图案同样也是较为重要的形象视觉元素,图形与图案是设计师与观者沟通的重要语言。在版式中运用不同类型的图形图案语言,也能以最形象生动的视觉效果吸引观者的观赏欲望。

那么如何设计图形图案,才能让版式更具吸引力,且更能突出版式的内容与主题呢?本节便从设计思维的角度出发,使读者了解什么是图形图案,以及它们在版式中的运用。

5.1.1 认识图形图案设计

观察下面4个版式,能看到版式中所运用的图形吗?

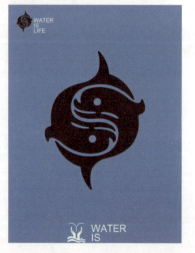

1 具象图形
2 抽象图形
3 装饰图形
4 摄影图形

写实具象表现

1.具象图形在版式中的不同表现

具象图形

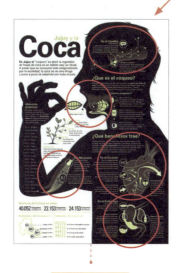

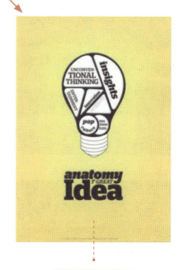

描述性图形

象征性图形

上图中使用图形——人物剪影，展现了人体的真实形象，红色圈出部分也利用图形展示了人体的不同部分。

这类直观地表现设计师设计意图的图形便是描述性图形。

上图中运用了"灯泡"图形。灯泡有着灵光闪现的象征意义，因此在上图的版式中，它象征着idea（主意）。

这类自身具有象征意义的图形，称为象征性图形。

在版式中的效果

通常在版式中
表现得较为具体与形象。

让版式显得
直接、直观与明了。

通常在版式中
表现得较为简洁与几何化。

让版式显得
含蓄却有较深刻的含义，
引人联想与探索。

2.摄影图形能让版式更真实

摄影图形

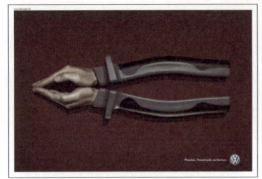

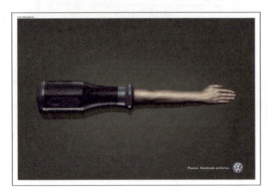

在这组海报设计中,通过摄影技术将工具与人手的部分真实形态呈现在了观者眼前,再通过软件将两者相结合,构成了真实却又不失创意的版面效果,也凸显了"手工制作,浑然天成"的大众汽车广告主题。

这也是摄影图形在版式中的运用,采用摄影图形带来的逼真的视觉效果,提升了版面与广告的可信度。

通过摄影技术所获取的影像图形,
称为摄影图形。

在版式中的效果

视觉效果逼真,
能真实与形象地展现商品等事物的真实形象。

能以最直观与真实的视觉效果,
赋予版面说服力。

3. 图形的写实具象表现与运用

具象图形

摄影图形

具象图形与摄像图形都属于
图形的写实具象表现

具有的特点：
① 直观。
② 便于识别和记忆。
③ 容易产生亲和力和丰富的想象力。

具象图形与摄影图形都来源于真实物体，其实它们也是通过将真实形象经过一定的抽象提炼而来的图形，具有一定的概括性和艺术性。通过下面的步骤图，可以看到如何将真实的物体进行抽象、提炼并加以运用。

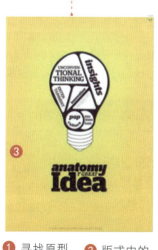

❶ 寻找原型
❷ 提炼外形
❸ 版式中的结合与运用

❶ 寻找原型：螺丝刀与手臂。

❷ 提炼与概括：提炼螺丝刀与手臂的共同点。

❸ 结合与运用：结合螺丝刀与手臂的共同点，让图形更加自然。

抽象装饰表现

1.抽象图形在版式中的运用

抽象图形

半抽象

几何抽象

自由抽象

半抽象图形是寄于具象中的抽象图形。

在抽取事物特质的过程中，保持物象的大致形态。

如上图中利用拼接的手法，半抽象出了女子形态

几何抽象图形，是以点、线、面等几何图形作为基本形，并通过设计与编排而成的抽象图形。

如上图中利用几何三角形的变形与拼凑构成了版面主体。

自由抽象的基本构成形式：无规则、无具象的视觉元素在版面中自由分布。

如上图中的面与线，构成了有剪影效果且带有烟雾效果的自由抽象图形。

在版式中的效果

通常通过扭曲、夸张、拼接等手法，打破物象原有秩序，构成一种无规则的图形形态。

让版式显得
感性、令人印象深刻。

观者通常会通过分析画面中的几何影像，来获取画面信息。

让版式充满了
理性化的视觉感受。

设计者借用不同元素的拼凑、组合，将脑海中的事物景象抽象提炼成脱离具象本质的艺术图形。

让版式显得
具有艺术的形式与审美感。

2.装饰图形提升画面的艺术美感

装饰图形有人物、动物、植物、风景等不同题材,如上图所示。装饰图形,顾名思义便是具有装饰性的图形,在版式中运用装饰图形能让版式的形式美感得到提升。

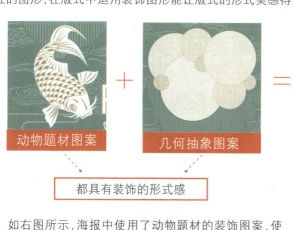

如右图所示,海报中使用了动物题材的装饰图案,使画面具有了形式美感与特别的视觉效果,结合抽象图形,风格的统一也让版式更加美观。

3.图形的抽象装饰表现与运用

抽象图形

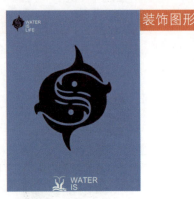

装饰图形

抽象图形与装饰图形属于
图形的抽象装饰表现

具有的特点：
①装饰感强。
②具有设计内涵。
③容易产生想象力，且具有艺术感。

与图形的写实具象表现相比，抽象装饰表现更具有一定的形式组合与艺术感。写实具象表现图形是通过将真实形象经过一定的抽象提炼而来的图形，那么抽象装饰表现图形则在此基础上，将具象事物抽象得更加独特，且富有个性、内涵与形式装饰美感。

❶ 确定需要用的基本元素与色块。

❷ 简单的元素也能在组合中凸显新意。

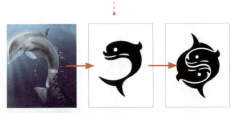

❶ 寻找原型　❷ 提炼外形　❸ 组合图案

❹ 应用在海报版式之中

5.1.2 图形图案设计的思维方式

尝试回忆并总结从上一节的学习中认识到了什么。

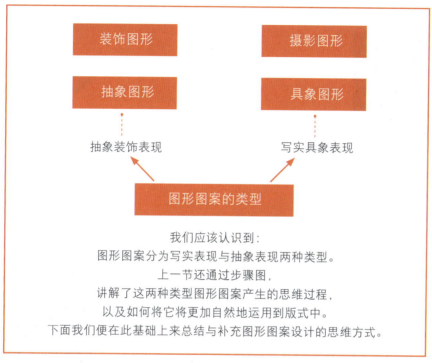

以图形图案类型的不同为出发点,可以将它们的设计思维方式分为以下两种情况,而按照思维方式的不同,它们也将得到重新分类。

具体思维方式

就如同上一节中的案例分析所提到的步骤：寻找原型—提炼外形—运用在版式中，在进行图形图案的设计时，也可以利用这样的步骤，在生活中获取灵感与想法，并形成具体思维过程：

寻找原型

初步临摹　　　　　　　　　提炼外形

在一个图形图案产生的初期，我们可以在生活中寻找创作原型。

然后学会对原型进行临摹，适当地提取关键的特征。

提炼外形是图形图案设计的关键，需要学会概括与删减事物的细节。

学会改变　　　　　　发散思维与联想　　　　　运用在版式中

可以在提炼的基础上，进行简单的改变，创造出更多的图形图案。

在原图形的基础上，进行类似的联想与发散，也能创作出更多的图形图案。

设计好图形后，可以通过组合将图形图案运用在版式中，但需注意风格的统一。

风格不搭配、不统一。

否则既不能凸显图形图案的艺术感，也使版式显得奇怪，如左图所示。

组合思维方式

使用组合思维进行图形设计时,通常会经历如下所示的3个步骤:

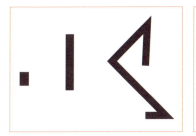

确定构成元素

简单的点、线、面能传达出一切情感语言,它们可以成为构成的元素,却需要注意适当改变它们的形态。

确定组合方式

有了基本的构成元素后,便需要确定设计元素的组合与构成方式。

比如可以使用放射对称式组合、向心对称式组合、四方连续性组合和重叠式组合等方式。

确定元素色彩

最后根据设计所需,以及图形所要传达与表现的设计情感,给元素搭配合适的色彩,从而使组合后的图形,更富有装饰意味与形式美感。

抽象图形通常是使用组合思维进行设计的,它们几乎脱离了自然痕迹,或者说与自然物象几乎没有相近之处,却具有强烈的形式构成感。

设计者们在对元素进行组合时,通常需要进行空间、节奏、韵律的构成把握,在这种思维下所设计的图形通常富含装饰感,并展现出一种独特的视觉形态。

设计手札

通过前文我们知道了图形图案的不同表现方式,以及在对它们进行设计时一些不同的思维方式。下面我们便运用这些理论知识,通过实际案例,进一步了解如何给版式选择图形图案,以及如何在版式中运用图形图案。

比如,当我们在制作一个房地产广告时,有时为了让画面更具有形式感,可以使用图形图案代替真实的建筑物。

那么要如何代替,并且要采用什么样的思路呢?是利用抽象图形去表现?还是利用具体思维方式去设计?

对于广告而言,其目的并不是艺术家情绪的表达,过于抽象与艺术化的图形不能让观者理解广告的意图,因此最好采用具象图形。此时,我们便可以采用具体的思维方式来进行图形图案的设计。

寻找原型

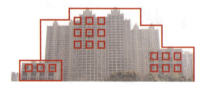

初步临摹　　提炼外形

学会改变

最后我们选择了这样的

利用具体思维对真实的事物进行改变,并适当地组合,能够形成造型感较强的图形图案,如右图所示。

提炼了建筑的外形后,学会创造性地改变并重叠组合,凸显了建筑的造型,重叠的组合方式也凸显了房地产的规模,使版式具有形式感的同时,也未脱离房产广告的主题。

⚠ 小心设计陷阱

图形图案的适当提炼

▲《哈利·波特》电影宣传海报

易错陷阱分析：

海报中只出现了一种"眼镜"图形，眼镜还可以让我们联想到其他卡通形象，它并不是哈利·波特独有的特征。

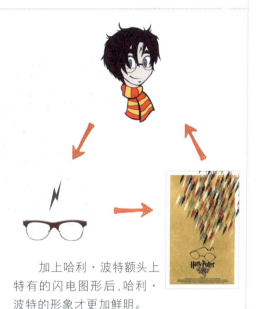

加上哈利·波特额头上特有的闪电图形后，哈利·波特的形象才更加鲜明。

应抓住事物特点提炼出图形图案

　　上面的案例告诉我们，在对真实事物进行提炼，设计相应的图形图案时，需要注意把握好事物的独有特征，将这样的图形图案运用在海报中，能让海报的主题与对象更加明确，同时让版式的内容也更为丰富与饱满。

5.2 图形图案与形式构成

　　上一节我们主要从具象与抽象的角度出发,了解了图形图案的不同表现方式,以及在对它们进行设计时使用的不同的思维方式。本节主要从形式的角度出发,来谈谈图形与图案的设计,以及它在版式中的运用。

　　谈到形式便离不开形式的基本构成元素,本节首先从构成元素讲起,再到图形图案的形式类别与创作思路,从讲解中使读者进一步了解图形图案设计,以及设计的思路与方法,从而更好地将图形与图案运用到版式设计之中。

5.2.1 图形图案的构成元素

　　在下面的版式中,你看到图形图案的存在了吗？请思考它们有着什么样的构成元素。

点元素

线元素

面元素

　　与版面的基本构成元素相同,图形图案的设计也有点、线、面等构成元素,如上图所示。就如第1章所述,在几何学中,点、线、面是概念形态,而对于版式与版式中的图形图案而言,点、线、面便是一种由几何的概念形态演变形成的,经过视觉化处理的视觉形态。

　　比如,在几何学中,点是位置的表示形式,无所谓方向、大小、形状,而对于版式与版式中的图形图案而言,点指的是视觉元素中最小的单位,它可以是圆形,也可以是三角形。下面我们就来认识一下图形图案中的点、线、面构成元素。

点

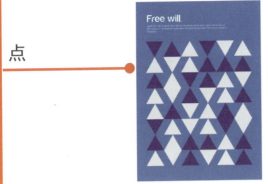 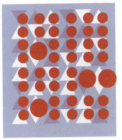

由三角形依照点的构成与分布方式，组合成了版式中的抽象图案。

以点作为视觉形态的图案，在组合与分布中透露着节奏感。

线

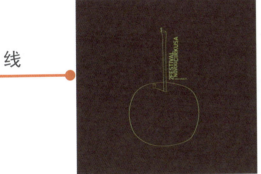 

通过线条提炼出了苹果的外形，构成了如左图所示的装饰图形。

以线条为构成元素组成的图案，通常给人一种流畅与连贯感。

面

通过切割圆形形成4个面，从而构成了如左图所示的几何装饰图形。

面作为图案的构成元素，由于其面积较大，通常会产生较强的视觉感染力。

作为图形图案的基本构成元素，可以说点、线、面的运用给了我们图形图案设计的另一种思路。除了如前文所示单独使用点、线、面设计的图形图案，通常情况下，在进行图形图案的设计时，都会涉及点、线、面构成元素的综合运用。

如左图所示，点、线、面的结合与搭配，让版式中的图形图案有了更加丰富的表现力，也让图形图案显得更为生动。

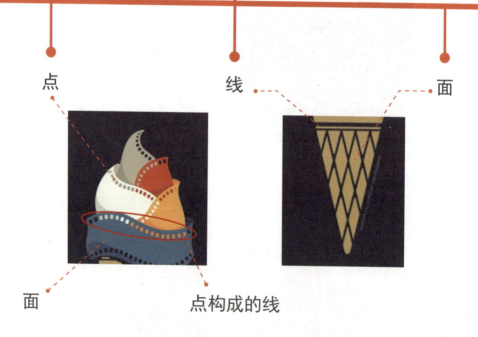

点　　　　　线　　　　　面

面　　　点构成的线

该海报是与电影纪念相关的宣传海报，版式中图形图案的造型借鉴了甜筒的造型，其中"甜筒"的上半部分，以点、线、面的形式构成模拟了电影胶片的造型，与海报的主题挂钩。如果此时不使用点元素，则会缺少电影胶片的造型感。

因此，在进行图形图案的设计时，也需要注意版式的主题表达，适当利用点、线、面的搭配形式构成图形图案，能让版面的内容表达更为清晰与切题。

5.2.2 图形图案的类别

你能分清楚下面的图形图案属于哪种类别吗？

| 文字图形图案 | 标志图形图案 | UI图形图案 | 漫画图形图案 |

前文主要是从具象与抽象的角度出发的，因此图形图案也可以分为写实具象表现与抽象装饰表现两种表现方式。而如果从形式的角度出发，图形图案则有了不同的分类，如上图所示。下面便来进行进一步讲解。

文字图形图案

文字内容 ↓

各种图形图案 ↓

将文字转换为图形

将图形拼凑为文字造型

上图将一系列文字进行了变形，并与版式中的图形相结合，这样的文字图形图案让版式有了更为直观与富有整体感的说明效果。

上图将各种图形图案拼凑成了字母"S"的造型，属于文字图形图案，这样的组合让版式显得更富有艺术感与创造力。

文字是符号，其本身便有着图的含义，比如早期的象形文字，其实就是一种图形化的表现方式。现代人在使用文字的过程中，将它们进行适当的变形，或者加入其他形状便会构成如上页所示的文字图形图案。

这种形式通常会给人一种字中有图形、图形中有字的互补体验，当将它运用在版式中时，会让版式显得富有一定的趣味与表现力。

标志图形图案

标志图形图案大致分为以下两种情况

一种为企业或品牌的识别标志，也就是通常所讲的Logo。

另一种则具有引导、控制、提示灯作用，适用于社会中各项活动的标志符号。

具有一定识别度的交通标志符号

在对这样的标志图形图案进行设计时，需要注意突出品牌或企业等的特色与理念。可以选择具有代表性的事物去设计标志图形图案，如下图所示。

如上图所示的奔驰汽车广告，采用了与汽车息息相关的交通标识符号来突出广告"检测隐藏危险"的主题。对于该符号而言，人们能很快辨别其为交通标识，这样的识别度，使广告富含创意的同时，又与汽车这一主体的联系增强。

因此采用一些识别度强的标志图形图案，如下图所示，在版式中运用它们时即使没有过多的文字说明，人们也能很好地明白其作用，进而突出版式的主题。

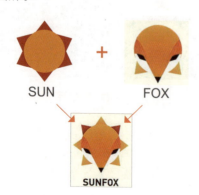

禁止标志

循环标志

UI 图形图案

随着科学技术的发展,如今UI已成为一个热门行业,不论是网页UI,还是移动设备中的UI设计,都会使用一系列图形图案,我们可以将它们大致分为两类:图标ICON类与装饰类图形图案。

折纸风格的手机界面中的UI图形图案

图标ICON类

折纸风格

线性风格

金属风格

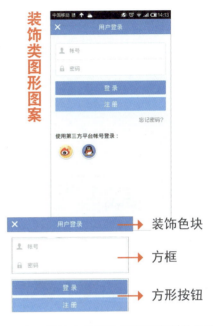

装饰类图形图案

对于这类图形图案的设计,可以根据界面的要求与主题而定,不同的主题可以设计出不同风格的ICON图形图案,如上图所示。

在UI设计中的装饰类图形有划分界限的方框、用于提示的色块与方形按钮等类型,如上图所示。在设计时需要根据界面内容与安排去设置适当的装饰图形图案,以便用户更好地使用与理解界面。

漫画图形图案

除了前文所提到的图形图案的3种形式以外,以漫画为手法,也是图形图案创作的一种常见形式。漫画图形图案没有过多的语言说明,无字图形更为直观,且避免了不同语言文化的交流障碍,架起了沟通的桥梁。而将这种方式运用到版式设计中,有时能让版式显得形象生动与富含创意。

如右图所示为SanDisk品牌U盘的广告,广告采用了两个漫画图形表述了"U盘再小也能装下个大胖子"的主题,凸显了U盘大容量的特点,画面没有文字漫画图形图案的直观说明,版面显得简洁明了。

5.2.3 图形图案形式构成的设计方式

学习了图形图案的形式构成，了解了其形式类别以后，你认为怎样的设计才能让图形图案更具形式构成感呢？下面我们便从组织与变形两个方面来看看图形图案的形式感是如何形成的。

图形图案设计的组织方式

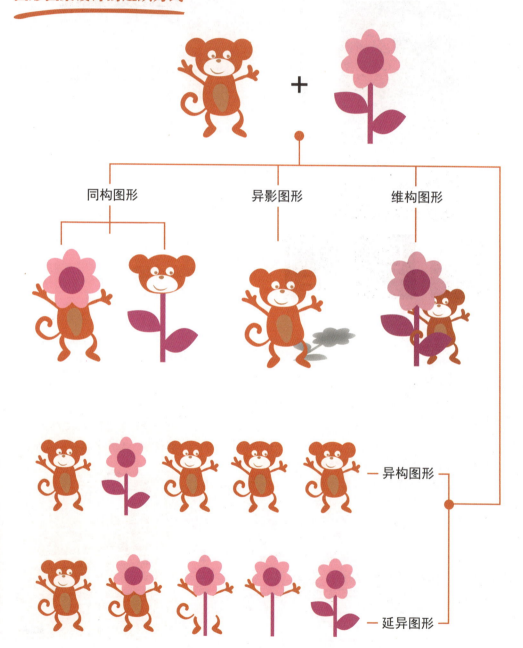

图形图案设计的变形方式

在对图形图案进行设计时，我们还可以采用一些变形的方式，让图形更具形式与构成感。下面以爱心为例，看看具体有哪些变形的方法，如下图所示。

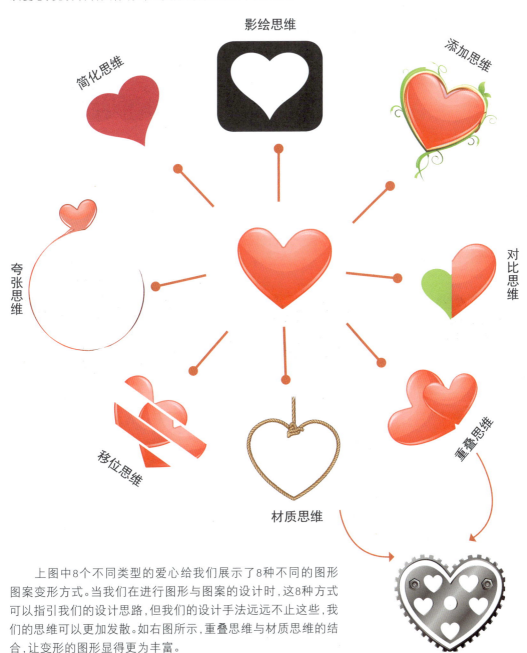

上图中8个不同类型的爱心给我们展示了8种不同的图形图案变形方式。当我们在进行图形与图案的设计时，这8种方式可以指引我们的设计思路，但我们的设计手法远远不止这些，我们的思维可以更加发散。如右图所示，重叠思维与材质思维的结合，让变形的图形显得更为丰富。

设计手札

通过上文的学习,我们了解了与图形图案的形式构成相关的理论知识,那么如何运用这些知识呢?下面通过一个案例介绍其具体应用。

① 比如当我们需要制作一则咖啡豆的广告时,我们的脑海中首先会浮现出什么?

肯定是咖啡豆的形象

② 然而咖啡豆的形象过小,它就是"点"的存在,我们如何在版式中凸显它的存在呢?

此时,结合前文所学,何不将点进行组合变成面呢?通过大面积的重复构成去凸显咖啡豆。

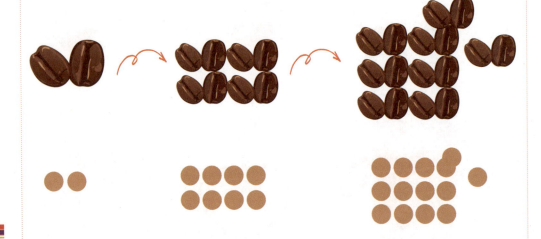

③ 上图中的咖啡豆虽然通过不断重复,从"点"逐渐有了"面"的感觉,然而这样的"面"似乎并不能很好地与咖啡豆产生联系,此时我们需要进一步改变。

说到咖啡豆我们能联想到什么?

咖啡
咖啡杯
咖啡豆研磨机
……

设计手机(续)

④ 通过联想,能找到与咖啡豆相关联的事物,将咖啡豆的"点"组合成与咖啡豆相关联的"面",更能凸显咖啡豆的特性与意义。然而究竟选择哪种事物较为合适呢?

是选择咖啡、咖啡杯?   还是选择咖啡豆研磨机?

⑤ 此时我们便需要考虑所选事物的易识别度,选择大众最能接受并且能在第一时间想到的最佳形象。因为广告有着快速浏览与阅读的特点,因此其画面内容页需要使观者能在第一时间明白广告所要传达的主题,从而达到广告的宣传作用。

最后我们选择了这样的

▶ **找准设计图形图案时的元素**

当给广告等设计图形图案的表现方式时,首先需要分析构成图案的元素。如该广告案例,以咖啡豆为叙述对象,其形象就像是基本的"点"元素,如何让它更具表现力?此时我们便可以将其组合成"面"。

▶ **找到点与面之间的直接联系**

确定了图形图案的元素,相当于有了图形图案的设计思路,组合成一个什么样的"面"成了如今我们需要思考的问题。如前文所述,具有直接联系的"面"更能凸显"点"的特性。

图形图案作为平面设计的一种表现形式,将其运用在画面中,能让画面具有直观的表现力,使观者产生联想,具有一定的趣味、装饰与可观赏性。通过上面的案例,我们可以了解图形图案的创作思路,同时也可以知道如何在广告中运用图形图案。

⚠ 小心设计陷阱

电影海报中的图形运用

 UP↑

 UP↑

▲ 迪士尼《飞屋环游记》（UP）电影宣传海报

背景的蓝色天空代表房屋飞上天空的情景，画有屋子内部造型的箭头图形突出了海报主题

易错陷阱分析：

1.图形图案与海报主题相背离

　　当给海报设计图形图案时，需要注意选择能够突出海报主题的元素，例如为了表现"向上"感，可以选择箭头符号，然而向下的箭头却与海报主题中凸显的"UP"相背离。这说明在进行图形图案的设计时，不仅要选对图形元素，它们在版式中的摆放位置也很重要，即需要考虑与结合大环境。

2.让文字图形图案化

　　如左图所示，对文字进行适当的变形，并添加装饰，让其图形图案化后能进一步凸显海报中的"向上"感。

第6章

图片让版式"亮"起来

1 学会调整版式中的图片,从而让版式更加整洁

2 学会调整版式中图片的比例大小

3 学会合理剪裁图片

4 学会更具形式感地组合图片

6.1 图片的分类使版式更具有秩序感

除了图形图案以外，在版式设计中，图片也是非常重要的形象视觉元素。不论是杂志排版、书籍装帧，还是网页设计、广告宣传单、海报，它们都有可能涉及图片的使用与编排。

本节主要以图片较多的版式为例，讲解如何在版式中将这些图片有条不紊地组织在一起，让版式既美观、不杂乱，同时又能传达出版式的主题与内容。

6.1.1 按色调分类

请思考我们如何将下面的图片有序地安排在一个版面空间中。

通过仔细观察不难发现，上面9张图片有着蓝色调、绿色调与黑白无彩色调3种不同的色调。以此为出发点，来对它们进行相应的分类与组合，这或许是不错的选择。

色调的倾向

色调可以说是色彩运用的主旋律,它可以指单一的某种色彩所产生的画面效果,也可以是色彩之间在相互作用下所体现出的总体色彩感觉。总之,色调左右了画面整体的色彩倾向,而对于不同的图片而言,也会呈现出不同的色调倾向。

1.色调的色相倾向

色相是色彩的最大特征,它相当于色彩的名称,如蓝色、绿色等。对于色调的色相倾向而言,可以说色相是决定画面色调最基本的因素,占据画面主导地位的颜色色相决定了画面的色调倾向,如下图所示。

蓝色色相占据画面的主导地位

图片主色调为蓝色调

绿色色相占据画面的主导地位

图片主色调为绿色调

2.色调的明度倾向

大面积的低明度色彩占据了图片的主导地位

图片呈现低明度色调

图片中所使用的色彩明度适中

图片呈现中间色调

确定了图片构成的基本色调后,色彩明度的变化也会影响图片给人的印象。如上页图中所示,图片中色彩明度的不同形成了不同的色调明度倾向。相对而言,低明度色调使得整个图片画面显得浓重、浑厚,而中间色调则显得较为舒适与清新。

3.色调的纯度倾向

除了明度倾向以外,色调的纯度倾向也会影响图片或画面给人们的印象。当纯度较高的色彩占据画面大部分面积时,画面的色调则会给人活泼、明快的感觉;相反,低纯度色调占据画面时,画面则会显得较为稳重、沉静,如下图所示。

高纯度色彩占据
画面的主导地位

图片色调为
高纯度色调

画面中低纯度色彩居多

图片主色调为
低纯度色调

4.色调的冷暖倾向

冷暖感受是色彩带给人们的两种不同的心理感受。就冷暖的倾向而言,画面还会产生能带来寒冷感觉的冷色调、温暖感的暖色调,以及不具备明显冷暖倾向,画面却显得低调朴实的中性色调,如下图所示。

冷色调　　　　　　　**暖色调**　　　　　　　**中性色调**

以蓝色为主的画
面形成冷色调

以橙色为主的画
面形成暖色调

黑白灰色是最具代
表性的中性色调

5.色调的对比倾向

　　色调的对比倾向是色彩色相、明度和纯度的综合对比效果。通过调节色彩色相、明度或纯度的对比,能够让画面形成不同的色调对比倾向,从而让画面给人带来不一样的印象与感受。如下图所示,分别提取图片中蓝天白云的色彩,对比后不难发现,同样是蓝天白云的景色,上图的色彩对比比下图显得更为强烈。

图片中色彩差异较大,形成了强对比色调,带来了较强的视觉冲击

图片中色彩对比较弱,形成了弱对比色调,画面显得较为平和

色调的应用

　　通过上面的学习,回到本节最初提到的问题,如何在版式中合理与有序地安排那9张图片。首先可以通过画面色调的色相倾向对它们进行分类归纳,如下图所示。分类完成后,再将它们适当地安排在版面中。

蓝色调

绿色调

黑白色调

无彩色没有色相属性,因此被归为一组。

6.1.2 按图片内容分类

除了按照色调给版式中的图片进行分类以外,根据图片的内容进行分类也能很好地管理版面中的图片,让版式更具协调感。还是以上文提到的9张图片为例,我们还可以按照图片内容对它们进行分类,如下图所示。

将这样的思路延续到版式设计中后……

当版面中出现较多的图片时,根据图片的性质与意义对它们进行分类管理,并安排在版面中的相应位置,能让版式更加井然有序。如上图所示,根据图片不同的意义将众多的图片分为了4组,也将版面分成了4个不同的内容版块。版式在这样的图片分类与归纳中显得表意清晰明了,排版也规则大方。

设计手札

前文中提到的图片分类方法其实给了我们一种思路,按照这种思路可以让版式中的图片找到秩序感。当然这是相对于实际的版式内容而言的,并不一定所有的版式都需要秩序感,但这种统一的思路对于版式设计而言是很有必要的。下面通过实际的案例来进一步讲解如何贯彻这种思路。

比如,当我们在制作家装的画册内页时,首先可以根据内页内容,给内页确定一个主色调。

在确定了画册内页与"地中海风格"的家装相关后,地中海风格总会让人联想到蓝白色,此时选择"蓝色"作为内页的主色调是个不错的选择。

▲ 偏暖的色调 ▶

◀ 偏冷的色调

当确定了版式的基本框架与主色调后,该选择什么样的图片呢?是选择如左图所示的图片吗?

左图中色调的冷暖倾向不够统一,当将这样的图片放置在蓝色调的版式中时,会显得突兀,不能与版式融合。

最后我们选择了这样的

将图片统一为蓝色调
▼ 与版式色调相融合

我们将版式中的图片按色调进行分类,从而确定了更为整齐地将它们摆放在版式中的设计思路。该案例运用了该思路中"统一"的思想,调整与统一图片的色调,从而让它们能更好地融入到版式之中,凸显版式主题。

6.2 图片比例的调节使版式张弛有度

　　上一节讲述了如何通过整理图片让版式看起来更有秩序感，它给我们提供了一种统一的思路，在进行版式设计时，这样的思路能让版式更具整体效果。

　　本节介绍图片在版式中的比例大小。不同大小的图片或者图片在版式中的比例大小的改变，会对版式产生什么样的影响呢？下面具体讲解。

6.2.1 出血图让画面更加饱满

在同一版式中，同一图片呈现了4种不同的大小，体会它们给你带来的感受。

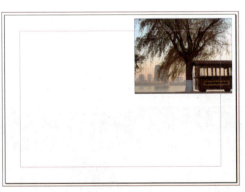

❶ 出血图——
填满整个版式，
版式显得饱满，
吸引眼球。

❷ 非出血图。

❸ 没有填满版式。

❹ 相比之下表现力与
吸引力低于出血图。

什么是出血

1.出血与出血线

出血线是用来界定印刷物哪些部分需要被裁切掉的线,也称为裁切线。出血线以外的部分会在印刷品装订前被钢刀裁切掉。

出血是出血线以外被裁切掉的部分,其宽度指的是出血线与印刷物尺寸线之间的距离,通常为3毫米,有时也可预留5毫米,这由纸张的厚度与制作印刷的具体要求确定,如右图所示。

在排版软件中,在对设计文档进行尺寸设置时,通常也会出现与出血相关的设置选项。

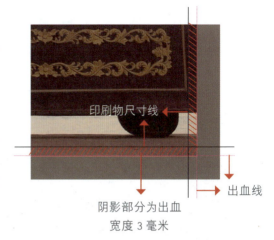

阴影部分为出血
宽度 3 毫米

2.预留出血

没有出血的图片

出血的图片

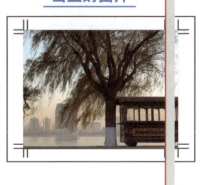

现象 → 在上面的两幅图片中,红线右边为被裁切部分,左边为被保留部分。不难发现,没有出血的图片保留部分出现了白边,此现象称为飞白,而预留了出血的图片则没有白边。

原因 → 产生这种现象的原因是钢刀在裁剪时会有精度误差问题,此时,预留出血可以很好地解决这一问题。

应用 → 如果需要版式是饱满不留边的,那么此时需要设置出血线,预留出血;相反,则不必将图片放大至出血线的位置。

认识出血图

通过上页两张图片的对比，我们已经大致了解了什么是出血图，如在本页的版面中，背景图片便进行了出血处理，属于出血图。

所谓出血图，是指图片尺寸超出了版面大小，达到了靠近出血线的位置，这样的图片铺满整个版面。在版式设计中采用这样的图片编排方式，能有效地提升图片带来的视觉冲击力，让版式更加饱满的同时，也更具扩张感与舒张的动势感。

相比之下，如上图所示的非出血图，其吸引力与冲击力则要小于出血图片。因此我们说，当需要设计一个具有张力的版式时，便可以使用出血图，而出血图的内容也以风景图片较为常见，因为出血的设置可以让图片中的风景内容更为开阔。

6.2.2 大小组合也有规则

观察不同大小的图片在版式设计中的组合,想想它们给你留下的印象。

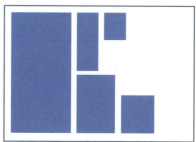

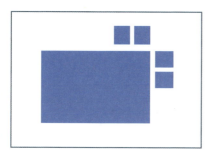

蓝色色块代表图片面积

❶ 比例大小一致的图片组合使版式显得规整。

❷ 不等比的图片,让版式有了变化感。

❸ 不等比的图片还能带来主次感,有时我们也可以借此放大需要突出的版面中的重点内容。

除了在版面中使用大尺寸的出血图外,在使用图片的版式中,还可以通过调节图片的大小,让版式具有不同的效果。通过上面的示意图,我们可以大致感受到图片大小组合对于版面的影响,下面通过具体的案例来进一步了解。

相同比例的图片组合带来规整感

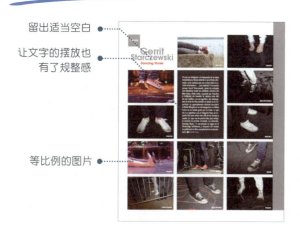

留出适当空白

让文字的摆放也有了规整感

等比例的图片

如左图所示,将图片调整为相同长宽比例大小后,再按照一定的规律放置在版式中,这样的组合方式让整个版式显得较为整齐,即使没有图片填充的地方也呈现了无限的方块感,然而有时这样的组合却会略显呆板。

不同比例的图片组合富有变化

不同比例的图片

相对于等比例的图片而言，不同比例的图片组合让版式有了变化，如右图所示。

虽然方形图片在组合时仍然给版式带来了一定的规整感，但图片自身大小的变化使得整个版式多了一份节奏感，也让图片有了更为丰富的表现力。

把握图片的主次关系

猩猩手臂是主要图片

香蕉是宣传主体，却是画面中的次要图片

左图版式中的图片组合有着主次之分，重复的香蕉背景图片是版式中的次要事物，凸显与衬托了猩猩竖着大拇指的手臂。

这并不是动物园的广告，而是超市的一幅宣传广告，通过突出猩猩的手臂——主体，表现了广告的创意所在，它直观地说明了超市水果的新鲜感。这告诉我们，适当地把握版式中图片的主次关系能让广告富含创意、凸显主题。

放大重要部分

烤鸡图片能凸显美味，因此被放大，从而反衬出产品的美味

该版式为调料品的广告，其创意与上图中广告的创意相似，该广告并没有通过放大产品图片来表现广告"让你做出更加美味的食物"这一主题，也没有以此来凸显产品本身，而是通过放大食物富有活力的姿态来强调了产品的美味与可口。

该版式的创意在于放大了凸显美味的食物——烤鸡图片，以此来吸引读者的视线，达到宣传产品的目的。

设计手机

通过前文我们了解了不同大小的图片在版式中的应用与组合中所产生的效应。

当版式需要对具有一定数量的图片进行排列组合时，可以适当调节图片的比例大小，使版式张弛有度、主次分明。除此之外，出血图也能给版式带来扩张感。下面通过案例的制作来具体了解版式中图片大小比例的应用。

比如，当我们在制作旅游宣传册时，可以选择一些内容为建筑或风景的图片来凸显当地的旅游环境与特色。

此时，如前文所述，我们可以选择以出血图的方式展现图片，这样的方式能让读者更加清晰地了解图片内容，从而被它所吸引与感染。

我们应该选择什么样的图片呢？

内容要贴切，横竖要得当，像素质量要够高。

❶ 不能突出当地旅游景点特色。　❸ 版面为横幅，不适合使用竖幅图片。
❷ 图片内容过于小气，不适合做出血图。　❹ 图片像素过小，出血处理后会出现模糊。

最后我们选择了这样的

我们知道出血图能让版式更具吸引力，而该案例告诉我们，如何给版式选择适当的出血图。比如当我们需要表现与俄罗斯旅游相关的内容时，出血图的选择需要突出俄罗斯的本土特色，其像素高宽质量也需要根据版式尺寸而进行相应的调节，这样出血图才能更好地发挥它的功效。

6.3 改变图片让版式更具形式美

前面讲述了怎样给版式选择合适的图片,或者说怎样将图片适当地运用在版式中的一些设计思路与方法。本节将在此基础上进一步介绍,让版式的表现形式得到进一步的升华。

通过对本节的学习,读者除了能给版式选择适当的图片外,还能从更大程度上发挥图片的价值,从而让版式更具形式美感与表现力。

6.3.1 让图片重叠

观察下面3种图片排列方式,它们分别给你留下了什么样的印象?

无重叠

图片的排列显得较为规则,适用于较为正式与严肃的版式之中。

更具组合的形式美感

等比重叠

图片的排列有了重叠,图片的大小却一致,这样的排列显得活泼且不失秩序感。

不等比重叠

图片不仅采用了重叠的排列方式,还有了大小的改变,图片之间的组合显得更为轻松。

下面我们先来总结常见的图片组合类型。

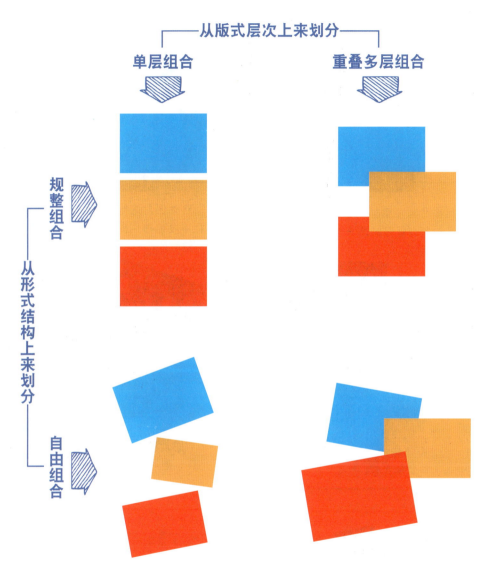

如上图所示,总的来说图片的组合类型可分为:单层规整型、重叠多层规整型、单层自由型和重叠多层自由型。结合本节开头的提问,我们可以感受到,在这些组合类型中,相比之下,重叠多层自由型的组合方式显得更富有形式美感。

适当地改变图片的比例大小,对图片进行适当的倾斜调整,将图片重叠组合——当这样的重叠多层自由型的图片组合方式被运用在了版式设计中时,能让平淡的版式显得更为活泼,增添组合的形式乐趣。

所以说，当我们在给版式安排图片组合时，可以尝试着将图片重叠组合。除此之外，图片在重叠组合时也有一些小技巧与注意事项，如下图所示。

小贴士

给图片添加适当的白边，让图片在组合时拥有更强的装饰性与形式美感，如下图所示。

当图片的色调相似时，添加白边加以区分是不错的选择，同时还能让图片组合更具形式感。

注意事项

在对图片进行重叠组合时，需要注意不要遮挡住图片中的主要信息，如下图所示。

图片中的主体被遮挡，不能很好地展现图片的内容。

◀ 图片的重叠组合在版式中的运用

① 白边的添加让图片在区别中更具装饰与形式意味。

② 给图片添加阴影，让图片的组合重叠关系更富有立体感与层次感。

③ 适当地遮挡，不会破坏图片的展示内容与可识别度。

6.3.2 对图片进行剪裁

观察下面4幅图片,你觉得哪幅图片看起来更加合理与舒适?

在小孩的视线方向预留出了空间,画面不会因为只有主体的存在而显得过于饱满与拥挤,有了呼吸的空间。

图片中小孩的造型较为完整,其作为图片主体的地位没有受到影响。

相信大多数人会选择第4幅图片,因为第4幅图片能够很好地突出图片的主体——小孩。

上面的例子展示了图片通过不同的剪裁后所产生的不同的视觉效果。适当地对图片进行裁剪能让图片更好地传达其内容,这样的方法同样适用于版式设计中的图片。

对于版式设计中的图片而言,有时我们可以对它们进行适当的剪裁,从而更好地突出图片信息,同时结合版面内容,也让版式更具形象表现力。

通常对图片的剪裁方法有3种,分别是常规剪裁、异形剪裁和褪底剪裁。

- 常规剪裁:九宫格剪裁法、中心剪裁法、对角线剪裁法、黄金比例剪裁法。
- 异形剪裁:抽象式剪裁、具象式剪裁。
- 褪底剪裁。

常规剪裁

常规剪裁就是横幅与竖幅的剪裁,剪裁完毕后图片的轮廓呈矩形或方形。为了让剪裁之后的图片更具表现力且能突出重点,我们可以利用版式构图的思考方式归类常规剪裁的方法。

下面以右图为原图,介绍对图片进行剪裁的方法与思路。首先,我们需要明确对图片进行剪裁的目的——美化图片的构图,让图片中的主体元素位于视觉焦点,从而显得更加突出。

原图 ▶

1.九宫格剪裁法

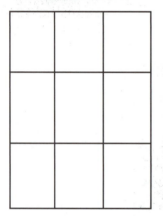

Step1 建立相对标准的三等分网格,也就是九宫格,如上图所示。

Step2 确定图片中的主体元素,将需要剪裁的部分放置在网格中,并让主体元素位于九宫格的任意交叉点上。

Step3 确定剪裁区域,完成剪裁,这样的图片便拥有九宫格构图形式。

需要注意的是,九宫格网格的大小及横竖构图,可以根据实际需要进行相应的调节,这一点同样适用于其他剪裁方法之中。

2.中心剪裁法

与九宫格剪裁法相比,中心剪裁法将图片的主体元素直接放置在了画面中心,也让图片的重心集中在了画面中心,也正因如此,这样的剪裁法会使图片给人留下四平八稳与坚固的印象。

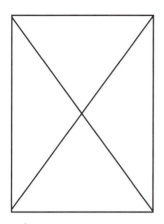

Step1 确定剪裁的形状后，建立交叉辅助线，其交点便为中心点。

Step2 确定主体元素后，将需要剪裁的部分放置在网格中，并让主体元素位于中心点上。

Step3 完成剪裁，如上图所示，不难发现，这样剪裁后，主体元素被放置在了画面的中心。

3.对角线剪裁法

与中心剪裁法相似，对角线剪裁法也同样通过对角线交叉来确定主体的位置，但其形式更为多变，主体元素的位置也因此更为灵活，如下图所示。

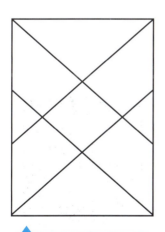

Step1 确定剪裁的形状，建立如上图所示的对角线交叉辅助线。

Step2 确定主体元素，并将需要剪裁的部分放置在网格中，将主体元素放在任意交叉点上。

Step3 确定剪裁区域，完成剪裁，主体元素便被放置在了对角线交点上，如上图所示。

4.黄金比例剪裁法

黄金比例剪裁法与九宫格剪裁法相似,只不过九宫格剪裁法所使用的网格辅助线为等比分割,而黄金比例的网格辅助线则是按照1:0.618的比例来分割的,这种比例被认为是最具美感的比例,而使用黄金比例剪裁图片的步骤与其他剪裁法一致,如下所示。

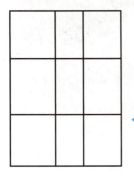

Step1 按照黄金分割1:0.618的比例建立如左图所示的网格。

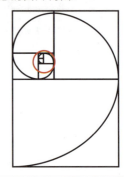

黄金螺旋线也属于黄金分割的一种形式,我们可以将主体元素放置在黄金螺旋线的中心位置,对图片进行剪裁,也能得到具有美感的图片构图。

Step2 确定主体元素,将需要剪裁的部分放置在网格中,根据图片所需确定主体所处的交叉点位置。

画面上方没有过多的内容,没有保留的价值,因此最好将主体蝴蝶放置在上方的交点处,以展示图片中的花丛,让画面更有意境。

Step3 确定剪裁区域,完成剪裁,需要注意剪裁后的图片能够突出一定的画面感。

上右图虽然采用了黄金剪裁法,却没有根据画面所需去进行剪裁,因此不能让剪裁后的图片拥有很好的画面感,反而展示了过多没有用的信息。在使用其他剪裁法进行图片剪裁时,也需要注意这一点。

异形剪裁

相对于常规剪裁而言,异形剪裁更为多变与灵活,其核心为改变图片的轮廓形状,它主要可以分为抽象式与具象式两种剪裁方法。

1.抽象式剪裁

将图片轮廓改变为几何体,抽象剪裁便形成了几何式剪裁效果

它也可以是一些偶发的轮廓,称为偶发式剪裁效果

2.具象式剪裁

如果说抽象式剪裁采用了一些抽象几何图形与抽象偶发图形作为图片的轮廓,那么具象式剪裁则是使用具象图形作为图片的轮廓,如下图所示。

▲ 原图

它们都是具象图形

一只小鸡

一个杯子

一朵花

一把伞

根据具象图形的外形进行具象式剪裁后,可以得到如下所示的图片造型。

相对于原图而言,具象剪裁法让图片更富有造型感,显得更为生动,但有时这样的剪裁,却不太利于图片内容的传达。

3.褪底剪裁

褪底剪裁又称为去底剪裁,通过褪底剪裁后所得到的图片变为褪底图片,简单地说,就是被去掉背景的图片变为褪底图片。这样的剪裁方式能使图片中的人物或物体更为独立地呈现出来,图片变得更为简洁而醒目。

▲ 原图

▲ 褪底后

去掉了原图的背景后,人物的形象更加突出与鲜明。

▲ 添加描边装饰后

有时可以根据版式所需,给图片添加描边,能让形象更突出且具有情感。如上图所示,添加粉色描边后,女性的可爱感明显提升,形象也更为生动。

▲ 褪底图片在产品包装版式设计中的运用

设计手札

上文中讲解了与图片相关的组合与剪裁方法,利用这些方法能让图片在一定程度上更富有表现力,当将它们运用在版式设计中时,也能让版式具有形式感。

当然,选择怎样的图片组合与剪裁方式也需要根据版式的具体情况而定,下面便通过案例来进行具体讲解。

比如当我们在制作淘宝店铺网站页面时,商品对象为具有民族风情的串珠链首饰。此时,我们拥有如下所示的产品图片。

我们如何在版式中使用这些图片呢?首先观察一下这些图片:

①图1与图2的背景较为单纯,可以较好地凸显串珠链,而相比之下图3与图4的背景则显得较为花哨。

②这4幅商品图片拥有4种不同的背景,它们真的适用于同一个版式中吗?

 其实我们可以选择将图片褪底

通过分析产品图片后,为了不让背景干扰串珠链首饰的表现,也为了统一产品图片的背景,从而更好地将它们运用于版式之中,对图片进行褪底剪裁是个不错的选择。

📝 设计手机(续)

通过将利用不同的剪裁方式得到的图片运用在版式中,可以更加直观地感受到究竟运用什么样的图片较为合适,如下图所示。

图片背景干扰串珠首饰的表现,不能让观者很直观地了解产品样式。

图片背景的不统一,在一定程度上影响了版式色彩和色调的传达。

相比之下,褪底后的产品更加突出,同时也能融入版式的红色调之中。

通过分析可以知道,在下面两种情况下,可以对图片使用褪底剪裁法:

↘ 需要突出图片中的某部分时

褪底图片可以让图片中某个独立部分更为突出,因此,如该案例所示,当需要突出图片中的产品时,我们便可以使用褪底剪裁法将背景去掉。

↘ 需要统一版式的整体风格时

当版式中拥有统一的风格或色调时,图片过于繁复的背景会破坏版式的整体感,此时,也可以通过褪底剪裁法,让图片变得更加单纯。

最后我们选择了这样的

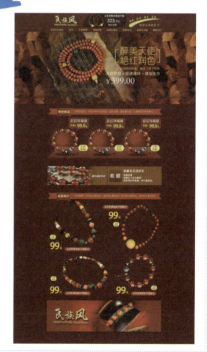

通过上面的案例,我们了解了褪底剪裁法在版式中的实际运用。图片的组合方式与其他剪裁法的运用也有着相同的道理,都需要结合具体版式具体分析。在进行版式设计时,我们也可以多进行尝试与对比,最终确定最好的选图与组合方案。

⚠ 小心设计陷阱

海报中富有形式感的图片

▲ 剪裁图片的几何形选择不当　　▲ 图片的组合方式不恰当

易错陷阱分析：

该版式为贡嘎雪山摄影展海报，海报中运用了图片的剪裁与组合，然而却有着需要注意的易错陷阱。

1.根据版式内容选择几何形剪裁图片

六边形作为剪裁图片的几何形，与版式中的任意内容都没有必然联系，因此它的使用会让版式中图片的造型显得与版式内容脱节。它更适用于以蜜蜂为主题的图片剪裁中，因为蜜蜂的蜂窝常以六边形来表示。同理，采用"水滴状"来代表雪山与冰川更能凸显版式主题。

2.图片重叠组合不当

如下图所示，在该版式中，图片被剪裁在了几何形中，其表现内容本来就有限，若仍然采用重叠组合，只会遮挡更多的图片内容，同时白色的描边在该版式中也略显突兀。不重叠图片，而是将两个几何形图片进行相对立的组合排放，反而能让版式更有形式感。

几何形与版式内容没有联系

第7章

版式中的图文邂逅

1. 学会进行图文的构图

2. 学会合理安排版式的图版率

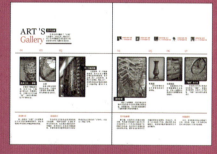

3. 学会在版式中运用图表

4. 学会在版式中运用表格

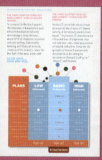

7.1 图文搭配

图与文是版式中最为重要的两种形象视觉元素,图片的直观加上文字的叙述,在它们的共同作用下,版式中内容的传达更为完整与精确。

在版式设计中,图文的搭配也有着一定的方法与形式。怎样的搭配能让图文在版式中发挥功效,从而凸显版式主题?不同的版式到底适合什么样的图文搭配?本节将具体介绍。

7.1.1 版式中的构图形式

从前文中随机选取几幅案例作品,如下图所示,观察它们的版式,你发现其中的构图形式了吗?

 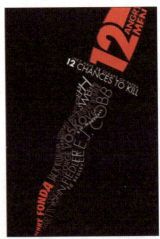 

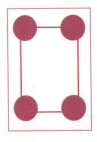 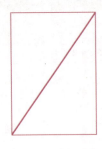 

四角形构图　　　　　对角线构图　　　　　重复型构图

通过思考不难发现，虽然前面我们没有过多地提及版式中的构图问题，但它却无处不在。下面通过不同的分类，来对这些构图形式进行讲解，版式中的构图形式也能让我们在编排版式中的图文内容时得到启发。

直线几何形构图中的棱角感

由直线构成的几何形体，被称为直线几何形，如矩形、三角形、方形等。不难发现这类几何形体通常都带有一定角度的棱角，这类图形通常显得坚定而正直。

直线几何形构图指的是，直线几何形体被作为框架运用在版式之中，版式中的元素依照这些几何形框架进行视觉要素的排列。下面介绍其中常见的直线几何形构图。

1.三角形几何构图

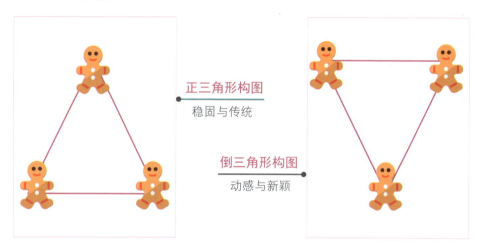

正三角形构图
稳固与传统

倒三角形构图
动感与新颖

2.四边形几何构图

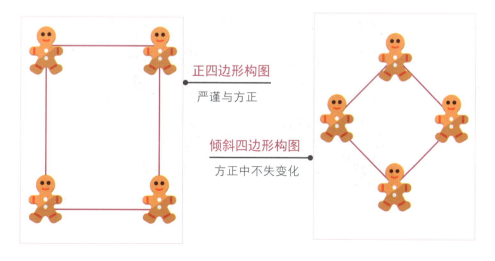

正四边形构图
严谨与方正

倾斜四边形构图
方正中不失变化

3.正多边形几何构图

当直线几何图形的组合边线大于4条且边长均等时,所构成的图形称为正多边形。以正多边形作为版式视觉元素的排列框架,这样的构图形式称为正多边形几何构图。如下图所示为正多边形几何构图的其中3种形式。

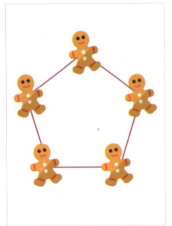
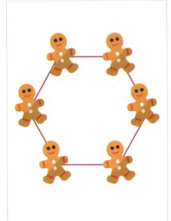
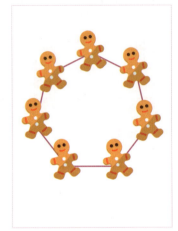

需要注意的是,前文所展示的图片都为顶点式编排构图,饼干小人占据的位置为直线几何形的顶点,也可以是版式中视觉元素所在的位置。

顶点式编排并不是唯一一种编排方式,在实际的设计过程中还存在其他编排组合方式,但只要视觉结构呈现直线几何形状的构图,都称为直线几何形构图,如下图所示。

四边形几何形构图

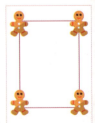

顶点式编排方式　　　　对称均衡式编排方式

满版构图中的饱和感

　　满版构图与本书第2章2.3一节中所提到的满版形式一样,是指当整个版面的上、下、左、右没有留白时的一种构图形式。如该页便为满版式构图,没有留白,背景图案直接填满了整个版面。

　　这样的构图形式通常会呈现饱满感,除了使用图形以外,出血图也是这种版面构图的"常客"。利用前文所学的剪裁方式,对图片进行合理的剪裁也能让满版构图中的图片更具表现力,从而凸显整个版式的主题,给人留下深刻的视觉印象。

聚散型构图中的疏密感

1.聚拢型构图的集中与密集感

将版面中的构成元素以聚拢的形式编排在版面中时,便会形成如上图所示的聚拢型构图。

聚拢型构图通常会给人一种向心感与集中的视觉感受。

▲ 采用了聚拢型构图的版式

聚拢带来的向心感,有效地突出了位于画面中心的产品,也让它成为了人们的视觉焦点,版面中的主体因此得到突出。

2.离散型构图的放射与发散感

相反,将版面中的构成元素以离散的形式编排在版面中时,便会形成如上图所示的离散型构图。

离散型构图通常会给人一种离心感与向外扩散的视觉感受,因此会形成一种带有放射感的构图形式。

▲ 采用了离散型构图的版式

上图中以人物为中心,纸巾卷则从该中心点发散,形成了具有放射感的离散型构图。散落的纸巾卷被人物所牵引,这样的离散型构图形成了"散中有聚、聚中有散"的视觉效果。

通过上文的讲解,可以看出,在进行版式设计时,要根据版式所需确定与选择使用聚拢型构图或是离散型构图。

然而有时版式中也可以混合搭配这两种构图,使版式能在聚散的对比中形成较强的视觉冲击力。此时便需要注意合理安排版式中疏密聚散的过渡关系,这样才能让版式在聚散中显得更为自然。

线式构图中的形式感与分割感

线式构图是指版式的构图与结构能以线条作为轴心或被线条所指引与分割的构图形式。该构图形式包括中轴线构图、对角线构图、曲线构图、倾斜构图与交叉构图，通过不同形式的线段作为指引与分布轨迹。这些版式构图通常富有形式感，并带有一定的分割视觉效果，下面具体介绍。

1.中轴线构图

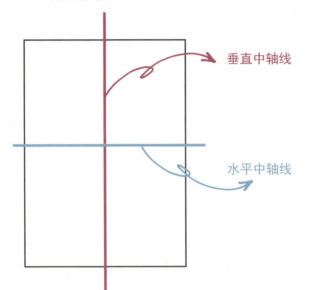

中轴线是将版面边线进行平均分割的线段，由于版面具有横边与竖边，因此中轴线也分为垂直中轴线与水平中轴线，如左图所示。

在版式设计中，中轴线通常作为版面的基线，它可以是版式中视觉元素摆放的依据线，也可以是一条形成对称版式的分割线，如下图所示。

▲上图的版式中，视觉元素被放置在了垂直中轴线的位置，居中式的构图形式给人中庸平稳的感受。

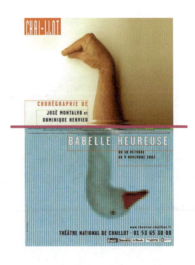

▲水平中轴线将上图的版式一分为二，让版式形成了具有对称感的构图形式。

2.对角线构图

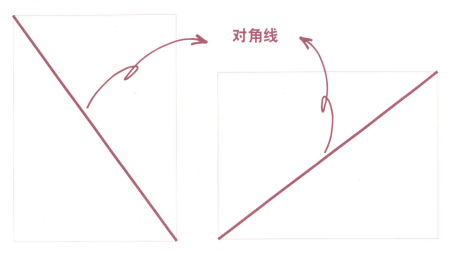

与中轴线构图相似,对角线构图是指以对角线为基准,将版面中的视觉要素放置在该参考点或对角线的两端,从而形成对角线的构图形式。当然对角线也可以作为分割线,将版式对角分割,形成独特的构图画面,如下图所示。

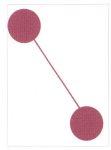

▲上图的版式将重要的视觉元素放置在了对角线的两端,版式形成了对角线的构图形式。

▲上图以对角线分割画面,将不同的视觉元素拼凑在了画面中,形成了对角线构图形式,给人独特的画面感受。

3.曲线构图

曲线构图是将版面中各视觉要素自由地随弧线运动变化,从而打造出具有曲线的流畅与动感的版面效果。这种版式的编排是较为常见的构图方式,根据曲线的不同形式,可以分为"O"形、螺旋形、"C"形、"S"形与自由曲线形的构图方式。

"O"形曲线构图

版面中的元素呈现"O"形分布与排列,环绕的效果让版式显得更加圆润与饱满。封闭式的空间也会让人们的视线自觉跟随版式中的"O"形做循环运动。

螺旋形曲线构图

螺旋形曲线构图其实就是依照黄金螺旋线的结构对版式中的元素进行排列组合。这样的构图方式能让版式具有优美的动态感,形成流动的形式美感。

"C"形曲线构图

版面中的元素以拉丁字母"C"的笔画结构为基准进行编排与设计，便会形成"C"形曲线构图，这样的构图能让观者在阅读与理解版式时，更为流畅与自然。

"S"形曲线构图

与"C"形构图相似，"S"形曲线构图则是以英文字母"S"的结构为轨迹，对版式中的元素进行排列的一种构图形式。这样的构图形式让版式在曲线的蜿蜒中形成了动态的韵律感。

自由曲线形构图

自由曲线形构图主要是指版式在编排时没有被规则的曲线形式所限定，利用随机的曲线作为版式中视觉元素的排列轨迹。通常情况下，这样的构图会显得富有灵活性与变化感。

4.倾斜构图

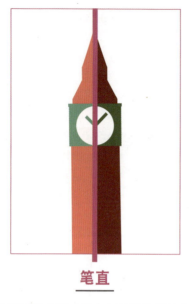
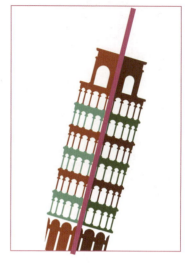

笔直　　　　　　　　倾斜

倾斜构图通常会形成重心倾斜的视觉效果,通常在这样的版式中,贯穿版式的视觉轴线会呈现倾斜状态,如上图所示。

倾斜构图是指版式中的某个主题元素或多个辅助元素以倾斜的方式呈现在画面中,而其他元素则保持正常的秩序与角度,版式在形成的局部倾斜中形成了与非倾斜元素的对比,从而形成富有活力与具有差异感的版面。

5.交叉构图

将版式中的某些视觉要素以交叉线的形式进行编排,从而形成一个交叉点,该交叉点为版式中最为引人注目的交点。利用交叉点区域能够很好地凸显版式的重要与关键信息,让版式在富有形式感的交叉构图中,凸显主题与重点。

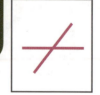

▲ 除了直角交叉外,版式中的交叉角度与形式还可以多变,如上图所示,可以是非直角的交叉,也可以是多点交叉。

留白型构图带来的联想感

　　留白型构图是版式设计中一种十分重要的表现手法，它能营造一种空旷却对比鲜明的空间氛围与意境。

　　留白型构图主要是指在版式中巧妙地留出空白区域，让留白空间与画面主体形成对比关系，使主体成为观者视线的集中点，从而在留白的衬托中凸显版式的主题。

　　在版式设计中，留白并不是只能留出"白色"空间，而是指没有图文内容的区域都可以成为留白。留白型构图除了能够在对比中突出版式主体与主题外，还能在空白中引发人们的无限遐想，起到"无中生有""无中胜有"的作用。

"重"型构图的秩序与层次

"重"型构图分为重复型构图与重叠型构图两种类型,其特点在于"重"。版式中通过重复出现某些元素或是将某些元素重叠组合,从而形成"重"型的构图形式。通常这样的形式会给人们一种秩序、组合与层次感。

1.重复型构图

◀ 重复型构图是指将版式中相同或不同的元素进行尺寸、造型等的相对统一调整之后,按照一定的规律将它们有秩序地排列组合在版式中,从而形成的构图形式。

这样的构图给了拥有较多元素的版式一种编排的方法,让元素在有序的重复排列中得以凸显,而不是凌乱不堪、没有重点。

2.重叠型构图

重叠型构图与本书中第6章6.3一节所提到的"让图片重叠"的设计思想相似。当版式中元素较多时,除了将元素进行尺寸等方面的统一后进行重复排列以外,还可以进行重叠排列,形成重叠型构图。

重叠型构图能够让版式形成丰富的层次与组合感,同时利用不同的混合模式与特效处理,能让重叠型构图的版式具有更为独特的视觉效果,如右图所示。 ▶

采用了「正片叠底」效果的重叠组合

设计手札

构图法则告诉我们怎么去编排版式中的视觉元素,其中也不乏对版式中图文的组合与编排。在对前文进行了相应的了解后,通过下面的案例,我们来具体看看怎样利用构图法则让版式中图文的搭配更富有设计与构图形式感。

比如,当我们设计一个公益宣传单时,会有如右图所示的摄影图片与文案口号,该如何对公益广告版面中的图文进行搭配呢?

我们呼吁:
让孩子们有书可读
让孩子们绽放知识的笑容

是选择中轴线左右对称的方式组合图文? 是选择左右对称的方式组合图文?

最后我们选择了这样的

满版构图、图文重叠与倾斜图形的搭配

由于版式中的图片较少,但都为质量较高的摄影图片,此时为了让版式变得更为饱满,可以考虑采用出血图的形式,如左图所示。

同时,版式预留了渴望读书的孩子视线的位置,并在该位置上重叠了图片与文字信息,这样的重叠并没有遮挡图片的重要信息,反而很好地引导了读者的视线,让我们看到了几个读着书的孩子与渴望读书的孩子的对比。搭配倾斜的图形,让版式也多了一份形式感与吸引力。

总的来说,在确定版式中的图文搭配形式时,可以借助前文所学的构图法则中的一些表现形式,并根据版式中的实际内容与版式中所安排图文的多少来确定最终的组合形式,而在组合时也并不单单只局限于一种表现形式,也可以进行多种形式的混合搭配。

7.1.2 图文摆放有技巧

在对版式的图文进行编排时，可以运用上文所提到的构图法则，将它们合理地摆放在版面之中。请思考，除此之外还有什么技巧能让图文的摆放更能突出版式的重点？

版式中不同的构图形式在一定程度上能够启发我们有序地排列与组织版式中的图文关系，而有时可以结合版式的具体内容与主题所需，通过图文摆放的小技巧，充分发挥它的作用。比如：可以尝试调整图片在版面中的重心；扩大或缩小版面页边空白；根据图片内容预留版面空白；内外朝向的合理利用等。下面便来对这些图文摆放的小技巧进行讲解，从而让版式在图文的邂逅中更加完美。

调整图片重心发挥版式魅力

什么是版式重心？版式重心与本书第1章1.2一节中所提到的"无形点"相似，简单地说，版式的重心就是版面中最突出的位置，重心位置的不同会让版式形成不同的视觉效果，设计师可以根据具体所需设计版式重心的位置。常见的重心位置有下面6种情况，它们与"无形点"使版式产生的效果是一致的，详细情况可参考第1章相关内容。

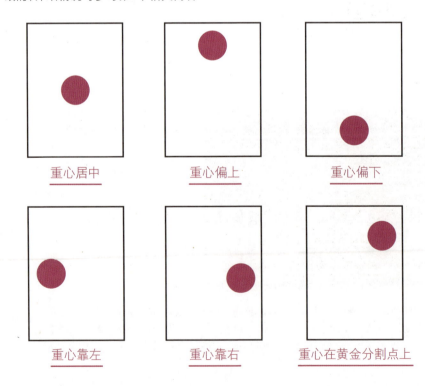

重要图片

相对次要的图片

◀ 在图文组合的版式中,适当安排图片的重心,是突出版式主题的关键。如左图所示,版式采用了重心居中的形式。将需要重要表现与突出的图片放置于版面的重心位置,充分地体现了版式主题的同时,也很好地发挥与展示了图片的魅力。

扩大与缩小页边空白,凸显版式形式

适当给版式中的图片或图形等元素保留页边空白,能增强版面的形式感,扩大或缩小页边空白,需要根据版式的具体要求而言,如下文所示。

1.适当扩大页边空白

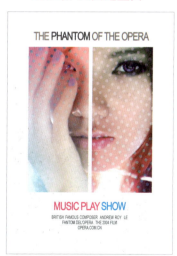

▲ 适当地缩放图片后,将图片放置在版式中,并扩大图片四周的空白区域,搭配规整的文字,让版式在留白中显得简洁与大方,如上图所示。

2.适当缩小页边空白

▲ 放大版式中的图片后,版式的页边空白便缩小,这样的版式能让图片更加突出,同时留边又增强了版式的形式感。在需要凸显图片效果又不失形式装饰的版式中可以使用这种小技巧。

根据图片内容预留版式空白

如前文所述,适当地留白能让版式在简洁中引发人们的遐想,而当给版式进行留白时也有以下小技巧:

①当版式中运用了以人物为主的摄影图片时,可以预留出人物视线的方向,让图片中人物的视线引导读者阅读整个版面。

②可以根据元素的朝向预留版式空白。

如下图所示,左边版式图片中的卡通人物朝向了版式左侧,此时将版式左侧留白,很好地将观者的视线引导到了左下角的广告产品之上;相反,右边版式中的元素之间则缺乏这种无形的关联。

内外朝向凸显不同氛围

有时可以根据版式所需适当地在版式中安排图片不同的朝向,这既是图文摆放的小技巧,也是烘托版面气氛的技巧。

1.图片的内侧朝向

▲ 将人物图形相对放置时,能让版式具有一种对话感,这种对话感可以是面对面温和的交流,也可以是对立中凸显的紧张气氛,如上图所示。

2.图片的外侧朝向

▲ 版式中图片人物若使用外侧朝向,便会少了眼神的交流与对话感,却能让人物传达出不同的情感内容,如上图所示。

7.1.3 图版安排有手法

在阅读杂志或书籍时，你是否有过这样一种感觉，有时你很快便会翻过一页，有时则需要花一段时间才能完成对某页的阅读。

产生上述现象的原因有很多，其中却不乏版式中图版率对于阅读的影响，有时我们可能不会花过多的时间去浏览图片，但对于文字而言，我们是需要耗费时间去阅读的。当版面中拥有过多文字时，我们则可能会需要花一段时间才能完成对该页的阅读，那么该页形成了什么样的图版率与视觉感受呢？可以通过下面的内容来了解。

在版式中对图文进行安排时，我们通常会根据版式所需控制版式中图片与文字的比例，这就是在调节版式的图版率。

图版率其实就是指版面中图片相对于文字所占的比例，图片所占比例大，会形成高图版率，相反则为低图版率，如下文所示。

高图版率带来的轻松感

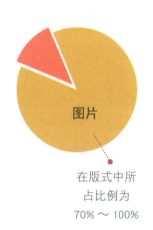

在版式中所占比例为 70%～100%

感受	使用范围
版面会因图片显得具有视觉张力与活力，较少的文字也容易提高阅读兴趣，使人感到轻松。	需要具有新鲜活力的商业性版面、宣传画册版面等。

低图版率带来的格调感

在版式中所占比例为
10%～30%

感受	使用范围
低图版率的版式中文字较多,信息量较大,需要读者慢慢阅读与品味,给人一种高品质与格调感。	多用于严谨的学术型版面与大量文字描述的小说类读物等。

适中图版率带来的均衡感

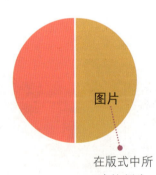

在版式中所占比例为
30%～50%

感受	使用范围
使用此图版率的版式,更符合现代人的阅读需求,能提高阅读效率,更有效地获取知识与信息,并且图文比例的接近能给版式带来均衡感。	适用于产品介绍等理性描述的版面,以达到介绍与宣传的作用。

设计手札

通过这两节的学习,我们可以进一步了解图文在版式中的摆放与组合的相关技巧及手法。下面通过案例制作,来进一步讲解如何将这些技巧与手法运用到实际的版式设计之中。

比如当我们在制作艺术杂志内页时,需要制作一个专门介绍文化展中所展示的艺术品的版面,我们拥有下面这几件需要介绍与展示的艺术品。

❶ 图片较多,因此低图版率不适合该版式。

❷ 需要展示的艺术品属于并列关系,因此选择某件艺术品图片做出血图的方式并不适用。

❸ 图片较多且为并列关系,因此可以尝试着将图片并列排开,将它们放置在版式中间,让版式重心更为均衡。

最后我们选择了这样的

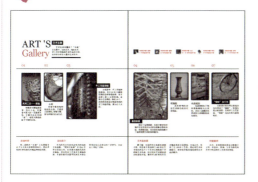

▶ **适中图版率给版式轻松感**

由于该版式中拥有较多的图片,且每张图片都会有对应的文字简介,此时选择适中的图版率能更好地表现文字与图片的对应关系,也更加方便读者轻松阅读。

▶ **居中的重心让版式更为均衡**

如上文所示,当图片较多且为并列关系时,将图片并列排开是不错的选择,此时将它们居中放置在版式中,也能让版式的重心不至于因为偏上或偏下而带来不平衡感。

上面的案例告诉我们,在对版式中的图文进行安排与整体布局时,选择适当的图版率,以及合理地运用前文中所提到的图文摆放的小技巧,不仅给了版式一种排版的思路,也能让版式的编排与其所需展示的内容相呼应,从而更好地表现版式内容。

7.2 图解图说——生动传递信息的助手

如今随着生活节奏的加快，人们越来越习惯于快速阅读的方式，此时，图解图说便是一种不错的表现方式，它能更加直观且快速地说明问题，在版式中运用这种表现方式，不仅能够减轻观者的阅读负担，同时还能让版式的表现形式更为丰富，传递信息的方式更为生动。

本节将介绍如何在版式中运用图解图说，让图文的搭配给观者带来更为轻松的阅读体验。

7.2.1 读图时代与图表

你在下面的两个版式中看到了什么？

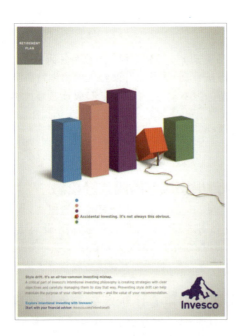

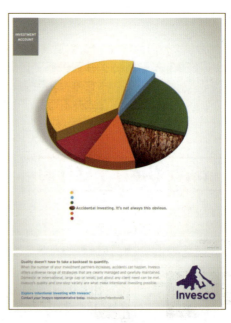

版式的主体
采用了立体柱状图

版式的主体
采用了立体饼状图

主体为图表的两种类型，
这两个版式体现了图解图说中图表
在版式中的运用。

图解图说中的图表表现

1.什么是图表

就图表本身而言,它其实是一种办公必需品,是对数据进行收集后,更为直观且具有分析对比性质的一种表现手法。

如今这种手法越来越多地被运用于版式设计之中,因为它不仅仅是将抽象的数据可视化,一些版式利用图表的方式来表达,或是在版式中穿插一些图表,能够让版式中的信息更为直观且不失装饰美观性,读者也能够更为轻松地进行阅读。

2.图表的类型

当多种多样的图表被运用在版式设计之中后,我们更习惯称它们为图解图说的表现形式,也可以说图表是版式中图解图说的一种表现形式,要运用好图解图说的表现形式,首先要了解图表的类型。

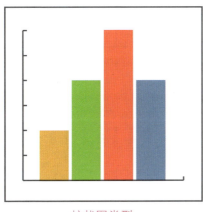
柱状图类型

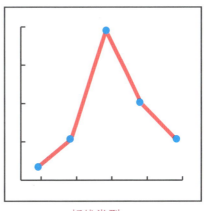
折线类型

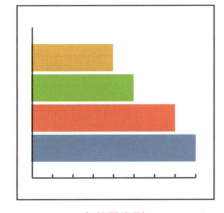
条状图类型

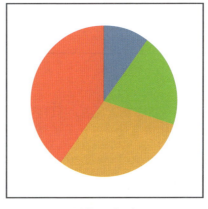
饼状图类型

让图表更具表现力

上页中所提到的4种类型为图表的基本类型，除此之外，对图表进行稍微改变，还可以得到如下图所示的图表类型。

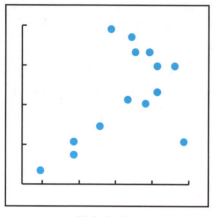

散布类型

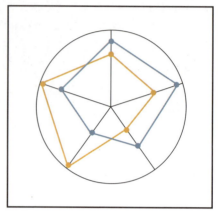

雷达图类型

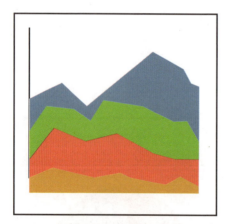

阶层图类型

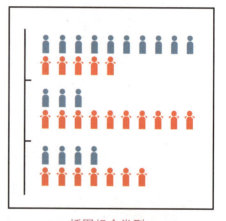

插图组合类型

如果想让运用了图表的版式显得更为灵活与多变，我们还可以继续对图表中的元素进行改进，让它具有更为丰富的表现力，让图表更精致，也让版式更具吸引力。

1.让图表立体化

不难发现，前文所提到的图表类型都是最为原始与平面的图表形式，有时我们可以采用立体化的手法，让图表变得更有质量与厚重感。图表在三维立体的表现中也会显得更加精细化。

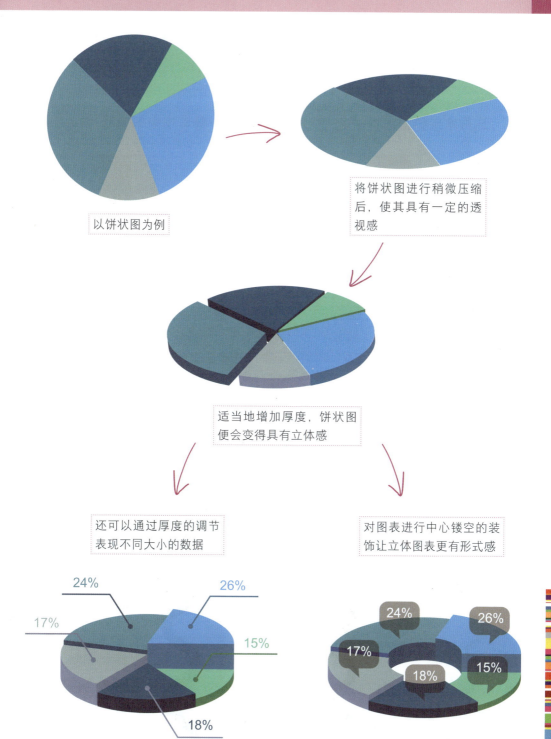

2.将图表"堆积"起来

简单的图表只能表现某些数据或是数据的某个方面,而我们通常会利用堆积的方式去表现一些具有更多意义的数据,这样的处理方式也能让图表的表现意义与形式更加丰富,如下图所示。

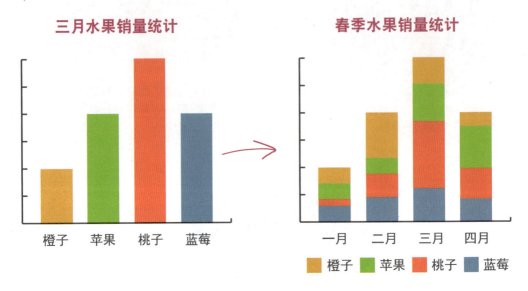

3.让图表形象化

"堆积"的方法也可以运用到图表的形象化之中,如下图所示。同时,将图表进行形象化的处理,能让图表富有创造力与装饰感,在版式中运用这些图表,也能让版式更加精彩。

7.2.2 读图时代与表格

你在下面的两个版式中看到了什么?

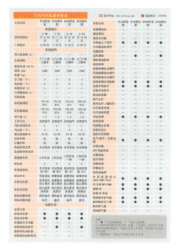

表格贯穿了
整个版式

日历部分通过
表格来表现

这两个版式中运用了不同形式的表格,
也体现了图解图说中的表格形式在版式中的运用

图解图说中的表格表现

1. 什么是表格

除了上文中提到的图表以外,表格也是读图时代的必需品。表格与图表相似,都是将一些繁复的数据或表述进行归纳总结后,利用更为直观的方式对它们进行表现的手法,通过这样的手法能让读者更加轻松地进行阅读,如下图所示。然而,表格虽然有不同的表现形式,但其始终受限于"表格"的形式之中,其类型的丰富程度不如图表。

三年级插班生分班情况如下:章明和周自然同学被分在了三年级一班,黄民和萧萧同学被分在了三年级二班,尹时与张妮妮同学被分在了三年级三班,李云与何贝同学被分在了三年级四班。

三年级插班生分班情况如下:

一班	二班	三班	四班
章明 周自然	黄民 萧萧	尹时 张妮妮	李云 何贝

▲ 表格的表现形式让信息更为直观与一目了然

2.表格的常见类型

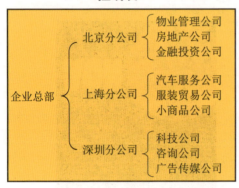

挂线表　　　　　　　　　　　　　无线表

完全表　　　　　　　　　　　　不完全表

卡表

左墙线　　　　　　　　　　　右墙线

让表格更具表现力

汽车类型	价格	轴距	座位数	车门
手动舒适	6.98万	2 580	5	4
手动豪华	7.78万	2 580	5	4

为了使表格更具表现力，我们可以适当地调整表格的颜色、表格中字符的颜色与大小，以及表格的线段颜色、样式与粗细。然而不当的搭配只会让表格显得花哨与令人无法理解，如下图所示。

汽车类型	价格	轴距	座位数	车门
手动舒适	6.98万	2 580	5	4
手动豪华	7.78万	2 580	5	4

汽车类型	价格	轴距	座位数	车门
手动舒适	6.98万	2 580	5	4
手动豪华	7.78万	2 580	5	4

汽车类型	价格	轴距	座位数	车门
手动舒适	6.98万	2 580	5	4
手动豪华	7.78万	2 580	5	4

汽车类型	价格	轴距	座位数	车门
手动舒适	6.98万	2 580	5	4
手动豪华	7.78万	2 580	5	4

设计手机

当图表与表格被运用于版式设计之中时,便会形成图解图说的表现手法,这种表现手法能让版式拥有更加灵活的叙述方式,同时由于它们本身所具有的造型与形式感,也能给版式加分不少。

比如当我们在制作手机个人博客中某个界面版式时,该版式内容需要展示个人博客中访客量的统计数据。我们统计了在线活跃访客量为349人,其中68%为男性,32%为女性。那么如何将这些数据表现在界面中呢?

是直接采用文字叙述?

还是使用图表去表现?

◀ 文字描述显得单调而乏味,也让界面缺乏特色与表现力。

图表的表现形式更为丰富且直观,在表现数据的同时也能美化版式。

最后我们选择了这样的

 图表与图表的结合使说明更具体

当在版式中表现数据统计类的信息时,使用图表是不错的选择。同时,不同类型的图表结合在一起能让数据说明更加具体与完整,同时也丰富了版式的表现力,如下图所示。

饼状图　　　　　条状图

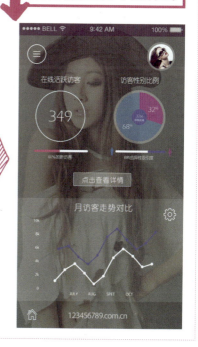

通过上面的案例我们可以知道,图表在版式中像是图解图说一般,代替了大篇幅枯燥的文字,让信息以更加有趣且直观的方式展现在了观者面前。

⚠ 小心设计陷阱

杂志中生动的表格表现

易错陷阱分析:

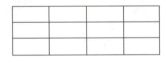

1. 过多的颜色装饰让图表显得花哨

　　使用颜色装点表格能让表格看起来更具表现力,然而过多的颜色且不根据表格内容与分类添加色块,只会让表格显得花哨与杂乱。

2. 表格装饰线过于死板

　　除了使用颜色装饰表格之外,改变表格的描边样式也可以丰富表格的表现形式,一味地使用实底线会让表格显得死板,运用到版式设计中后,也缺少丰富的形式感。

反侵权盗版声明

电子工业出版社依法对本作品享有专有出版权。任何未经权利人书面许可，复制、销售或通过信息网络传播本作品的行为；歪曲、篡改、剽窃本作品的行为，均违反《中华人民共和国著作权法》，其行为人应承担相应的民事责任和行政责任，构成犯罪的，将被依法追究刑事责任。

为了维护市场秩序，保护权利人的合法权益，我社将依法查处和打击侵权盗版的单位和个人。欢迎社会各界人士积极举报侵权盗版行为，本社将奖励举报有功人员，并保证举报人的信息不被泄露。

举报电话：（010）88254396；（010）88258888

传　真：（010）88254397

E-mail：dbqq@phei.com.cn

通信地址：北京市万寿路173信箱

电子工业出版社总编办公室

邮　编：100036